高等院校技能应用型教材·数字媒体系列

Photoshop CC 图形图像应用解析
（微课版）

王亚全　高　丹　主　编

张爱辉　常淑惠　王　岩　廖先锋　方光伟　**副主编**

U0291283

电子工业出版社

Publishing House of Electronics Industry

北京·BEIJING

内容简介

本书从实际应用的角度出发，详细介绍了 Photoshop CC 的基础知识和基本操作，并围绕多个典型案例，对平面设计的相关技能进行了解析。本书共 9 章，包括第 1 章 "基础知识——初识 Photoshop CC"、第 2 章 "操作入门——Photoshop CC 的基本操作"、第 3 章 "用好选区——Photoshop CC 实践技术基础"、第 4 章 "字体设计——Photoshop CC 文字编辑"、第 5 章 "绚丽多彩——Photoshop CC 图像色彩调整"、第 6 章 "动图设计——Photoshop CC 动画与视频创作"、第 7 章 "三维空间——Photoshop CC 3D 功能的应用"、第 8 章 "图像美化——绘画与图像修饰"和第 9 章 "综合设计——Photoshop CC 强大设计功能的展现"。

本书是河北省高校精品在线开放课程 "Photoshop 数字图像处理"的配套教材，读者可以登录 "腾讯课堂"平台进行访问。本书案例丰富、内容翔实，提供了直观的用户体验，一方面，能够帮助学生轻松掌握技能要点，另一方面，能够开阔学生的创作思维。本书提供了电子课件、素材、源文件、微课视频等多种教学资源，读者可以登录华信教育资源网（www.hxedu.com.cn）免费注册后进行下载。

本书可作为高等院校、高等职业院校数字媒体技术等专业的专业课教材，也可供平面设计从业人员选用参考。

未经许可，不得以任何方式复制或抄袭本书之部分或全部内容。

版权所有，侵权必究。

图书在版编目（CIP）数据

Photoshop CC 图形图像应用解析：微课版 / 王亚全，高丹主编 . —北京：电子工业出版社，2022.6
ISBN 978-7-121-43442-6

Ⅰ. ① P… Ⅱ. ①王… ②高… Ⅲ. ①图像处理软件 Ⅳ. ① TP391.413

中国版本图书馆 CIP 数据核字（2022）第 078503 号

责任编辑：薛华强　　特约编辑：李新承
印　　刷：北京天宇星印刷厂
装　　订：北京天宇星印刷厂
出版发行：电子工业出版社
　　　　　北京市海淀区万寿路 173 信箱　　邮编 100036
开　　本：787×1092　1/16　印张：14.25　字数：364.8 千字
版　　次：2022 年 6 月第 1 版
印　　次：2024 年 8 月第 5 次印刷
定　　价：69.80 元

前　言

艺术是美的集中体现，是美的结晶，而视觉艺术是其中的一个重要类别。视觉艺术的核心是运用一定的材料和技术手法在空间内塑造平面或立体的艺术作品，这些作品包括绘画作品、雕塑作品、摄影作品、景观作品等。这些视觉艺术作品是艺术工作者审美意识和艺术技法的物态化结晶，它们有针对性并且有条件地满足了人们的物质需求和精神需求。

设计是人类有目标的创造性活动，随着人类文明的发展，设计为人们未来的生活勾画了蓝图。艺术设计最主要的两个方面是平面设计和立体（环境）设计。平面设计是从绘画发展来的，随着科技的发展，借助声、光、电等手段，平面设计迎来了突破性的发展，计算机的应用使得平面设计的技法被极大地拓展。计算机辅助设计因其快捷、高效、准确、精密，以及便于保存、交流、修改等优势而被广泛应用于平面设计的方方面面。

点阵图像设计软件——Photoshop 是将科学技术和艺术设计紧密结合的优秀范例，它将计算机应用程序与平面设计有机地结合起来，可以说是强强联合的典范。对艺术设计类专业的学生而言，学好、运用好 Photoshop 是基本的专业要求，运用 Photoshop 能让设计构想更快更好地展现，能让设计过程极大地简化。想学好 Photoshop，一本好的工具书是必不可少的，而本书就是一本值得推荐的实用型工具书。

本书是编者在总结了多年专业教学经验的基础上精心完成的。编者在多年的专业课教学过程中积累了丰富的课堂教学经验，积攒了大量的教学案例。本书深入浅出、循序渐进地对 Photoshop CC 的基础知识和基本操作进行了讲解，并通过实际案例加深读者对软件应用的理解，这些实际案例包括标志设计应用、海报设计应用、环艺后期处理、动作设计、动画设计、界面设计等。通过案例的学习，拓宽了 Photoshop CC 艺术设计的应用领域，对初学者来说，具有很好的启发性。本书还特别介绍了 Photoshop CC 的部分拓展功能，使学习该软件的读者能与时俱进，开阔视野，活跃创作思维。

本书由河北科技大学影视学院王亚全、河北工程技术学院高丹担任主编，石家庄信息工程职业学院张爱辉、河北农业大学常淑惠、王岩、江西生物科技职业学院廖先锋、宜春学院方光伟担任副主编。

希望本书能为提高艺术设计类专业的学生的技能水平作出一点贡献。目前，动画产业发展日新月异，我们在动画学科建设及教学改革方面仍有不足，加之写作时间紧张，书中难免存在疏漏之处，敬请各位行业专家与读者批评指正，多提宝贵意见和建议，帮助我们不断进步。

编者

Contents
目录

1 第1章
基础知识——初识 Photoshop CC

1.1 认识 Photoshop CC ·······001

1.2 开启 Photoshop CC 设计之旅 ·······006

1.3 文件的基本操作 ·······011

1.4 文件页面的查看 ·······018

1.5 辅助工具的使用 ·······023

2 第2章
操作入门——Photoshop CC 的基本操作

2.1 调整图像大小——网络证件照片的制作 ·······028

2.2 图层的基本应用——网络表情的制作 ·······030

2.3 文档的规范操作——图层的管理 ·······033

2.4 图层的混合模式——三原色原理 ·······035

2.5 图像的调整图层——老照片效果的制作 ·······040

2.6 图层样式案例——个性化印章的制作 ·······043

3

第 3 章
用好选区——Photoshop CC 实践技术基础

3.1 设计起点——选区的创建 ·········· 052

3.2 素材提取——选区的抠图 ·········· 059

3.3 升级选区——复杂选区的创建 ·········· 068

3.4 图像编辑——选区的填充 ·········· 073

4

第 4 章
字体设计——Photoshop CC 文字编辑

4.1 文字的创建与编辑——邮票的制作 ·········· 082

4.2 文字编辑与图层样式——文字金属质感效果的制作 ·········· 086

4.3 文字编辑与创意推广——文字气球质感效果的制作 ·········· 093

4.4 文字编辑与滤镜效果——文字水彩质感效果的制作 ·········· 099

4.5 文字主体海报设计——花卉文字效果的制作 ·········· 107

5

第 5 章
绚丽多彩——Photoshop CC 图像色彩调整

5.1 色彩活力——黑白照片着色效果的制作 ·········· 111

5.2 唯美校园——二次元效果的制作 ·········· 113

5.3 网络流行——图像故障效果（抖音风格）的制作 ·········· 117

5.4 国风特色——工笔风格人像效果的制作 ·········· 120

6

第 6 章
动图设计——Photoshop CC 动画与视频创作

6.1 记忆动画——"动作"面板解析 ·········· 123

6.2 编辑时间——时间轴的学习 ·········· 128

6.3 连贯艺术——GIF 动画实例 ·········· 129

6.4 视觉感知——动态海报的设计与制作 ·········· 138

7 第 7 章
三维空间——Photoshop CC 3D 功能的应用

7.1 立体展现——"3D"面板的解读 …………………………………… 141

7.2 立体实施——月球的制作 …………………………………… 144

7.3 立体标志——今日头条图标的制作 …………………………………… 145

7.4 立体文字——浮雕花纹文字的制作 …………………………………… 156

8 第 8 章
图像美化——绘画与图像修饰

8.1 工具概述——画笔工具 …………………………………… 165

8.2 图像优化——瑕疵的修复 …………………………………… 174

8.3 图像升级——图像的修饰 …………………………………… 185

9 第 9 章
综合设计——Photoshop CC 强大设计功能的展现

9.1 智能终端——图标的绘制 …………………………………… 192

9.2 畅游网络——UI 设计 …………………………………… 201

9.3 意境美化——环艺后期处理 …………………………………… 204

9.4 视觉营销——电商美工处理 …………………………………… 209

第 1 章
基础知识——初识 Photoshop CC

知识目标	熟悉 Photoshop CC 工作界面，熟练掌握常规面板中参数的设置，理解 Photoshop CC 中常用的概念。
能力目标	熟练掌握安装与卸载 Photoshop CC 的方法，熟悉 Photoshop CC 相关文件的基本操作。
重点难点	重点：在 Photoshop CC 中，掌握新建、打开、置入、存储、打印等文件的基本操作。 难点：在 Photoshop CC 中，掌握辅助工具（如标尺、网格、参考线）的具体应用。
参考学时	1.1　认识 Photoshop CC（1 课时） 1.2　开启 Photoshop CC 设计之旅（1 课时） 1.3　文件的基本操作（1 课时） 1.4　文件页面的查看（1 课时） 1.5　辅助工具的使用（1 课时）

1.1　认识 Photoshop CC

微课视频

任务目标

（1）了解 Photoshop CC 图像处理软件的工作范围。

（2）熟悉 Photoshop CC 的工作界面。

任务说明

　　Photoshop CC 是一款图像处理软件，也是设计师必须掌握的软件之一。在绘图软件问世前，一个设计作品往往需要设计师绘制大量的草图、设计图、效果图，而在计算机技术蓬勃发展的今天，数字化处理早已成为设计师工作的常态，实现了清爽的无纸化办公。对设计师而言，熟练掌握 Photoshop CC 无疑获得了一把"利剑"，这款软件既是画笔又是画纸，设计师可以在其中随意绘画，也可以插入恰当的图片和文字。总之，数字化的制图过程不仅能节约大量的时间，而且能够精准地表现设计作品。

完成过程

1. Photoshop CC 简介

　　从 20 世纪 90 年代开始，Photoshop 进行了多次版本更新。早期的版本有 Photoshop 5.0、

Photoshop 6.0、Photoshop 7.0，之后升级为 Photoshop CS4、Photoshop CS5、Photoshop CS6，然后又先后推出了 Photoshop CC 2014、Photoshop CC 2015、Photoshop CC 2019 等版本，时至今日，软件版本已更新到 Photoshop CC 2021。

图 1-1　Adobe Photoshop CC 图标

Photoshop CC 的全称为 Adobe Photoshop CC，它是由 Adobe Systems 开发的一款图像处理软件。为了更好地理解软件的全称，我们对其进行如下解释："Adobe"是 Photoshop 所属公司的名称；"Photoshop"是软件名称，常被缩写为"PS"；"CC"是 Photoshop 的版本号。Adobe Photoshop CC 的图标如图 1-1 所示。

什么是"图像处理"呢？简单来说，图像处理一般指使用工业相机、摄像机、扫描仪等设备进行拍摄，并对拍摄的图片（可以看作一个二维数组）进行编辑、修改的过程。例如，让灰蒙蒙的风景照片变得艳丽明亮，如图 1-2 所示；将照片中人物的面部皮肤变得光滑细腻，如图 1-3 所示；裁切掉照片中多余的背景，如图 1-4 所示。这些操作都属于"图像处理"。

图 1-2　让灰蒙蒙的风景照片变得艳丽明亮

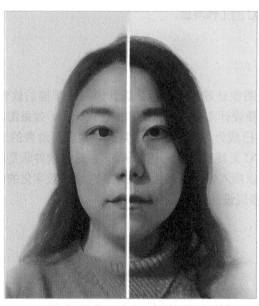

图 1-3　修复照片中人物的面部皮肤

图 1-4 裁掉照片中多余的背景

图 1-5 海报设计

Photoshop CC 可以用于哪些设计呢？其实，除平面设计外，Photoshop CC 还可以用于展装设计、UI 设计、服装设计、产品设计、游戏设计、动画设计等，并且每个设计大类还可以进一步细分，例如，平面设计包括海报设计、标志设计、书籍装帧设计、电商美工设计等，如图 1-5 ～图 1-8 所示。

图 1-6 标志设计

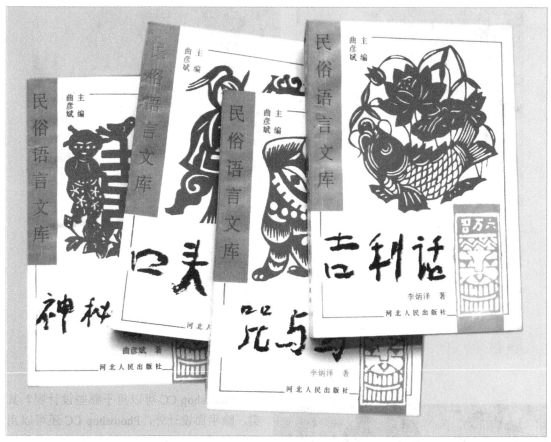

图 1-7　书籍装帧设计

图 1-8　电商美工设计

2. Photoshop CC 的工作界面

Photoshop CC 的工作界面由菜单栏、选项栏、工具箱、图像编辑窗口、状态栏、控制面板等组成，如图 1-9 所示。

（1）菜单栏

在菜单栏中，共有 11 个菜单项，包括"文件""编辑""图像""图层""文字""选择""滤镜""3D""视图""窗口"和"帮助"，如图 1-10 所示。

图 1-9 Photoshop CC 的工作界面

图 1-10 菜单栏

（2）选项栏

在工具箱中选择一种工具，选项栏（工具选项条）会显示相应工具的设置选项，可以对工具进行更详细的设置，如图 1-11 所示。

图 1-11 选项栏

（3）工具箱

工具箱包含各种绘图工具，如图 1-12 所示。单击某工具按钮，就可以获取对应工具的功能，进而执行相应的操作。工具的功能与操作会在后续章节中进行详细讲解。

（4）状态栏

位于工作界面底部的横栏即状态栏，如图 1-13 所示，用于显示图像的缩放比例、内存的占用情况，以及目前所选工具的使用方法等，有时也会显示图像处理的进度。

（5）控制面板

Photoshop CC 工作界面右侧的小窗口即控制面板，用于配合图像编辑和 Photoshop CC 的功能设置，如图 1-14 所示。

图 1-13　状态栏

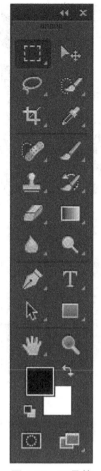

图 1-12　工具箱

图 1-14　控制面板

经验指导

　　Adobe 公司为了兼顾 Photoshop CC 用户多年以来形成的视觉习惯，延续并升级了很多人性化的设置，例如，Photoshop CC 提供了多种界面颜色，但笔者建议使用黑色的界面颜色，因为暗色可以减轻视觉疲劳，操作软件时界面与各选项的对比效果比较强烈，有利于正确调色。

　　若想快速调暗界面，可按 Shift+F1 组合键；若想调亮界面，可按 Shift+F2 组合键；或者执行"编辑" > "首选项" > "界面" > "外观"菜单命令，在下拉菜单中选择一种颜色作为界面颜色。

1.2　开启 Photoshop CC 设计之旅

微课视频

任务目标

　　（1）掌握 Photoshop CC 的安装方法。
　　（2）熟悉 Photoshop CC 中常用名词的概念。

任务说明

学习 Photoshop CC 之前，需要先下载并安装软件。不同版本的 Photoshop 软件，其安装方法也略有不同，本书以 Photoshop CC 2015 版本的安装为例进行讲解。

完成过程

1. 安装 Photoshop CC

Step 01 打开 Adobe 公司的官方网站，下载 Photoshop CC 2015 软件安装包。安装软件之前，必须查看计算机的操作系统类型，如图 1-15 所示。

图 1-15　查看计算机的操作系统类型

注意：Photoshop CC 不支持 Windows XP 操作系统。

Step 02 打开软件安装包文件夹，双击 Setup.exe 可执行文件，打开 Adobe Photoshope CC 2015 软件安装对话框，阅读"Adobe 软件许可协议"，并单击"接受"按钮，如图 1-16 所示。

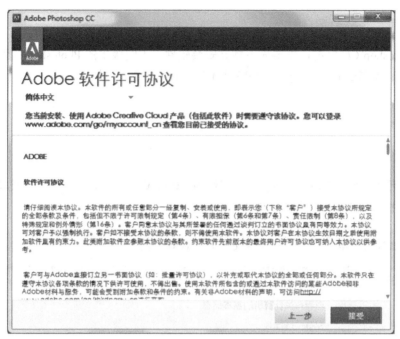

图 1-16　Adobe Photoshop CC 2015 软件安装对话框

Step 03 选择安装路径，软件安装到 C 盘性能比较好，但是会占用大量的系统存储空间，因此建议将软件安装到其他磁盘。选择好安装路径，单击"下一步"按钮，跳转到"安装"界面，显示安装进度条，如图 1-17 所示。

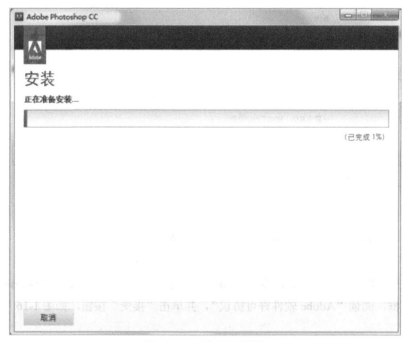

图 1-17　"安装"界面

Step 04 安装完成后显示"安装完成"界面，单击"关闭"按钮。若单击"立即启动"按钮，将启动 Photoshop CC，如图 1-18 所示。

图 1-18　"安装完成"界面

2. 与图像相关的基本名词

开启 Photoshop CC 设计之旅前，要了解一些有关图像处理的基本知识，如像素、位图、矢量图、分辨率等。

（1）像素

在 Photoshop CC 中，像素是组成图像的最基本的单元，它是一个个小矩形的颜色块。一个图像通常由很多像素组成，它们按照一定的顺序以横行和纵列的形式排列。用缩放工具把图像放大到一定比例时，就可以看到像素的排列是类似马赛克效果的。每个像素都有不同的颜色值，图像单位长度的像素数量越多，品质就越好，图像也越清晰。

（2）位图

Photoshop CC 处理的图像分为位图与矢量图，两者各有优缺点。位图是 Photoshop CC 常用的图像样式，如图 1-19 所示，它是由像素组成的，因此又被称为像素图或点阵图。位图的特点是可以表现色彩的变化和颜色的细微过渡，产生逼真的图像效果，并且能在 Adobe 公司开发的各种软件中通用。但是，位图的图像文件较大，会占用较多的存储空间。

放大位图，可以看到它是由众多像素组成的，如图 1-20 所示。

图 1-19　位图

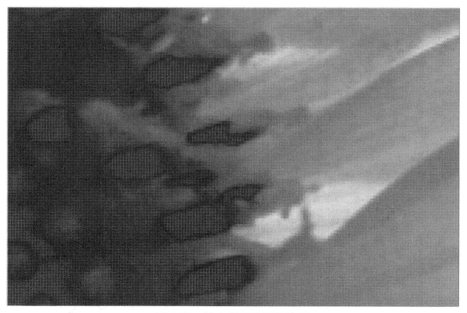

图 1-20　放大位图的显示效果

（3）矢量图

矢量图是由经过精确定义的直线和曲线组成的，这些直线和曲线又被称为向量，因此矢量图也被称为向量图。矢量图中的每个对象都是独立的个体，它们都有各自的色彩、形状、尺寸和位置坐标等属性。在矢量编辑软件中，用户可以任意改变每个对象的属性，而不会影响其他对象，也不会降低图像的品质。

矢量图与像素和分辨率无关，也就是说，可以将矢量图缩放到任意尺寸，可以按任意分辨率打印矢量图，不会丢失图中的细节，也不会降低图像的清晰度。矢量图的优点是图像文件小，占用的存储空间也较少，因此只能用于简单的图形。

位图与矢量图经放大后的对比效果如图 1-21 所示。

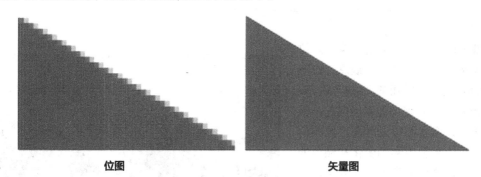

位图　　　　　　　　　　　　　　　**矢量图**

图 1-21　位图与矢量图经放大后的对比效果

（4）分辨率

图像的分辨率指位图的清晰程度，单位是 **PPI**（每英寸拥有的像素数量）。分辨率的高低与图像的大小有着密切的关系，分辨率越高，包含的像素数量越多，图像的信息量也越大，因此文件也就越大。此外，图像的清晰程度也与像素的总数有关，像素数量和分辨率共同决定了图像打印时的大小。

图像的分辨率可以使用以下公式计算得出：

$$图像的分辨率 = \frac{像素数量}{图像尺寸}$$

例如，一幅 1500 像素 ×900 像素的图像，分辨率为 300PPI，那么图像的打印尺寸就是 5 英寸 ×3 英寸。图像的分辨率越高，输出的图像效果就越清晰。

经验指导

安装 Photoshop CC 时，需要在计算机本地磁盘中预留可用空间（因为该软件无法安装在可移动存储设备上）。此外，屏幕的分辨率应达到 1024 像素 ×768 像素（推荐分辨率为 1280 像素 ×800 像素），并配备符合条件的硬件加速 OpenGL 图形卡和 256MB 的 VRAM。

1.3　文件的基本操作

微课视频

任务目标

（1）掌握新建文件、打开文件、置入文件的具体操作。
（2）熟悉存储文件和导出文件的方法，了解常用的文件保存格式。

任务说明

打开 Photoshop CC 后，我们会发现很多功能是无法使用的，这是因为目前在软件中没有可操作的文件，我们可以新建文件或打开图片文件进行操作。对文件进行编辑时，还会经常用到"置入"操作。文件制作完成后，还需要存储文件，因此我们要对文件格式有所了解。

完成过程

1. 新建文件

在 Photoshop CC 中，执行"文件"＞"新建"菜单命令，打开"新建文件"对话框，设置文档或图像的页面大小及图像的属性，即可新建文件；或者使用 Ctrl+N 组合键，也可以新建文件；单击 Photoshop CC 启动界面中的"新建"按钮，同样可以新建文件，如图 1-22 所示。

执行"文件"＞"新建"菜单命令，打开"新建文档"对话框，可以在该对话框中设置图像的基本属性，如图 1-23 所示。

"新建文档"对话框可以分为三部分：顶端是预设选项卡；左侧是最近使用的项目；右侧是预设详细信息，其含义如下（部分参数在"高级选项"选区中）。

- 名称：文件的名称默认为"未标题 -1"，用户可以根据需要输入自定义名称。
- 预设：用于选择内置的预设类型，用户也可以选择"自定"选项，设置单位后，输入需要的大小。
- 大小：用于设置预设类型的图像尺寸。

图 1-22　新建文件

图 1-23　"新建文档"对话框

- 宽度／高度：用于设置文件的宽度和高度，单位包括"像素""英寸""厘米""毫米""点""派卡""列"。
- 分辨率：用于设置文件的分辨率，单位包括"像素／英寸"和"像素／厘米"。分辨率越高，输出的图像质量就越好。
- 颜色模式：用于设置文件的颜色模式及相应的颜色深度。

- 背景内容：用于设置文件的背景内容，包括"白色""背景色""透明"等。
- 颜色配置文件：用于设置文件的颜色配置。
- 像素长宽比：用于设置单个像素的长与宽的比例。通常情况下，使用默认参数值，用户也可以按需要进行更改。

2. 打开文件

若想处理已有的图片文件。则执行"文件">"打开"菜单命令（快捷键为 Ctrl+O 组合键），在弹出的对话框中选择要打开的文件，单击"打开"按钮，即可打开文件，如图 1-24 和图 1-25 所示。

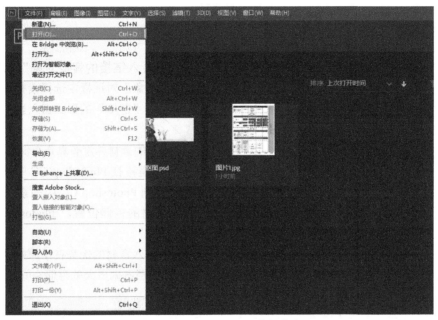

图 1-24　执行"打开"菜单命令

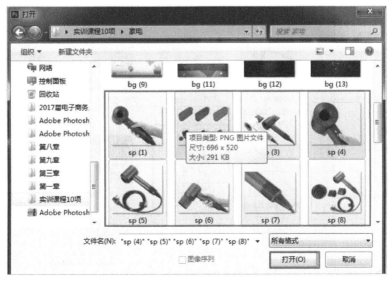

图 1-25　"打开"对话框

图 1-26　执行"打开为"菜单命令

在"打开"对话框中可以一次选择多个文件：按住鼠标左键不放进行拖曳，框选多个文件；也可以按住 Ctrl 键不放，逐个单击要选择的文件。选好文件后，单击"打开"按钮，即可将选中的文件全部打开。

如果想打开扩展名与实际格式不匹配的文件，或者打开没有扩展名的文件，可以执行"文件"＞"打开为"菜单命令，如图 1-26 所示，打开"打开为"对话框，选择要打开的文件，并在列表中为其指定正确的格式。如果文件无法打开，则说明指定的格式可能与文件的实际格式不匹配，或者文件已经被损坏。

3. 置入文件

执行"文件"＞"置入链接的智能对象"菜单命令，在弹出的"置入嵌入的对象"对话框中选择素材，然后单击"置入"按钮，素材会以"链接"的形式置入当前文件中，如图 1-27 所示。

以"链接"形式置入的素材并没有真正存储于 Photoshop CC 文档中，素材仅通过链接在 Photoshop CC 中显示。如果对原始素材进行修改，则 Photoshop CC 中的素材也会发生变化。如果改变原始素材的存储位置， Photoshop CC 则会提示素材丢失。

采用"链接"形式置入素材的优势在于原始素材不存储于 Photoshop CC 文档中，这样能有效地避免 Photoshop CC 文档占据更大的存储空间。

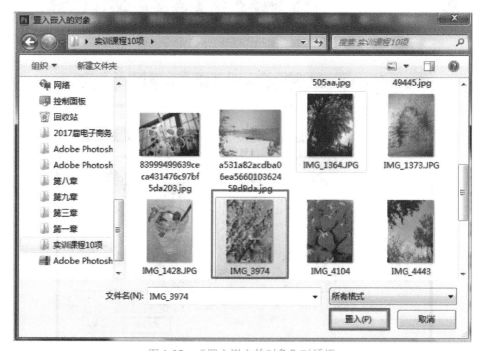

图 1-27　"置入嵌入的对象"对话框

4. 保存文件

对图片文件进行编辑时，可能需要随时保存文件，我们可以执行"文件"＞"存储"菜单命令（快捷键为 Ctrl+S 组合键）。如果保存文件时没有弹出任何窗口，则保存路径为文件的原始位置，对文件的修改会被保留，并且替换之前的文件。

如果想更改文件的位置、名称或格式，可以执行"文件"＞"存储为"菜单命令（快捷键为 Shift+Ctrl+S 组合键），打开"另存为"对话框，设置保存路径、文件名、保存类型，设置完毕后单击"保存"按钮，如图 1-28 所示。

图 1-28　"另存为"对话框

在实际工作中，根据不同的需求，可以将图像以不同的格式进行保存和输出。常用的图像格式有以下几种。

（1）PSD 格式

PSD（Photoshop Document）是 Photoshop 的专用文件格式，这种格式可以存储 Photoshop 中所有的图层、通道、参考线、注解和颜色模式等信息，保存有图层的图像时，一般选择 PSD 格式。由于 PSD 格式的文件保留图像的所有数据信息，因此修改起来比较方便，但是，大多数排版软件不支持 PSD 格式的文件。但是，因为 PSD 是一种图像文件格式，所以使用看图软件（如 ACDSee）可以打开查看。

（2）BMP 格式

BMP（Bitmap）是 Windows 操作系统的标准图像文件格式，Windows 画笔程序默认使用 BMP 格式。BMP 格式支持 1～32 位的色彩深度，支持 RGB、索引颜色、灰度、位图等色彩模式，这种格式包含的图像信息比较丰富，图像几乎不被压缩，所以此格式的文件占用的存储空间也比较大。但在 Photoshop 中，BMP 格式不能保存 Alpha 通道和路径等信息。

（3）TIFF 与 TGA 格式

TIFF（Tagged Image File Format）指标签图像，主要用于存储照片、艺术图像等。由于这种格式比较复杂，存储信息多，所以占用的存储空间大，同一张图像若存储为 TIFF 格式，其文件大小是相应的 GIF 图像的 3 倍，是相应的 JPEG 图像的 10 倍。Photoshop CC 中的 TIFF 格式支持灰度、RGB 和 CMYK 等色彩模式，TIFF 格式是一种已被广泛接受的标准格式。

TGA（Targa）格式是应用最广泛的图像格式之一，它既兼顾了 BMP 格式的图像质量，又兼顾了 JPEG 格式的空间优势，并且 TGA 格式还能表现出通道效果，且方向性强。在 CG 领域，TGA 格式因占用空间小和效果清晰，常作为影视动画的序列输出格式。

（4）JPEG 格式

JPEG 是一种常见的图像文件格式，由联合照片专家组（Joint Photographic Experts Group）开发并命名，文件扩展名为 .jpg 或 .jpeg。JPEG 格式的图像采用有损压缩的方式去除冗余的图像和彩色数据，在获得极高压缩率的同时，展现丰富生动的图像细节，也就是说，图像文件占用较少的存储空间，便能保证较好的图像质量。

JPEG 2000 格式有一个极为重要的特征，即它能实现渐进传输。所谓渐进传输，就是先传输图像的轮廓，然后逐步传输数据，从而不断提高图像的质量，让图像从朦胧逐渐变得清晰。此外，JPEG 2000 格式还支持"感兴趣区域"特性，即可以随意设定感兴趣的图像区域的压缩质量，还可以选择部分图像区域解压缩。

JPEG 2000 格式和 JPEG 格式相比，JPEG 2000 格式优势明显，且向下兼容，因此，JPEG 2000 格式可以取代传统的 JPEG 格式。JPEG 2000 格式可用于传统领域，如扫描仪、数码相机等；又可用于新兴领域，如网络传输、无线通信等。

（5）GIF 格式

GIF（Graphics Interchange Format）指图像互换格式，是 CompuServe 公司于 1987 年开发的图像文件格式，也是一种基于 LZW 算法的连续色调的无损压缩格式，其压缩率约为 50%。GIF 格式不捆绑于任何应用程序，目前大多数图像处理软件都支持 GIF 格式。GIF 格式采用了可变长度等压缩算法。此外，在一个 GIF 格式的文件中可以存储多幅彩色图像，如果将这些图像逐幅读出并显示到屏幕上，可以看作最简单的动画。

（6）PNG 格式

PNG（Portable Network Graphic Format）指可移植网络图像格式，其名称来源于"PNG's Not GIF"，是一种位图文件（bitmap file）存储格式。PNG 格式的设计初衷是替代 GIF 格式和 TIFF 格式，同时增加一些 GIF 格式所不具备的特性。使用 PNG 格式存储灰度图像时，灰度图像的深度可以达到 16 位；使用 PNG 格式存储彩色图像时，彩色图像的深度可以达到 48 位，并且还可以存储 16 位的 Alpha 通道的图像。

PNG8 格式支持 1 位的布尔透明通道，所谓布尔透明指要么完全透明，要么完全不透明。PNG24 格式则支持 8 位（256 阶）的 Alpha 通道，也就是说可以存储从完全透明到完全不透明共 256 个层级的透明度。

（7）EPS 格式

EPS（Encapsulated PostScript）是跨平台的标准格式，是专用的打印机描述语言，可以描述矢量信息和位图信息。作为跨平台的标准格式，EPS 格式与 CorelDRAW 的 CDR 格式、

Illustrator 的 AI 格式等类似。EPS 格式在 Windows 操作系统中的扩展名是 .eps，在 iOS 系统中的扩展名是 .epsf。EPS 格式主要用于存储矢量图像和光栅图像。由于 EPS 格式的相关标准制定得早，所以几乎大多数的平面设计软件都能兼容该格式，一般情况下，使用 Photoshop、Illustrator、CorelDRAW、Freehand 等软件都可以打开该格式。EPS 格式采用 PostScript 语言进行描述，并且可以保存其他信息，如多色调曲线、Alpha 通道、分色、剪辑路径、挂网信息和色调曲线等，因此 EPS 格式常用于印刷或打印。

5. 导出文件

"导出为"命令可以方便用户将文件导出为特定格式、特定尺寸的图片。对要导出的文件执行"文件">"导出">"导出为"菜单命令，打开"导出为"对话框，在该对话框中可以设置导出文件的格式、图像大小、画布大小等参数，并且可以在窗口中预览效果，设置完成后，单击"全部导出"按钮，即可导出文件，如图 1-29 所示。

图 1-29　"导出为"对话框

6. 关闭文件

完成设计工作后，需要关闭文件，执行"文件">"关闭"菜单命令（快捷键为 Ctrl+W 组合键），可以关闭当前文件，如图 1-30 所示。

单击文档窗口右上角的"关闭"按钮，也可以关闭当前文件。执行"文件">"关闭全部"菜单命令，或使用 Alt+Ctrl+W 组合键，可以关闭所有打开的文件。

图 1-30　执行"关闭"菜单命令

经验指导

　　JPEG 格式是目前网络上最流行的图像格式之一，使用这种格式可以将文件压缩到较小的状态。在 Photoshop CC 中，以 JPEG 格式存储图像时，可以细分为 11 个压缩级别，用 0 ～ 10 级表示，其中 0 级的压缩比最高，图像品质最差，而采用细节几乎无损的 10 级存储图像时，压缩比也可以达到 5∶1。举例说明，以 BMP 格式存储的 4.28MB 的图像，若改用 JPEG 格式存储，图像大小仅为 178KB，压缩比达到 24∶1。经过多次实验，可以发现将压缩级别设定为 8 级最合适，存储空间与图像质量可以兼顾。JPEG2000 格式作为 JPEG 格式的升级版，其压缩率比 JPEG 格式高约 30%，同时支持有损压缩和无损压缩。

1.4　文件页面的查看

微课视频

任务目标

　　（1）掌握查看图像细节的方法。
　　（2）使用不同的屏幕显示模式查看图像。

任务说明

在 Photoshop CC 中编辑图像时，有时需要查看图像的整体效果，有时需要放大显示图像的局部细节，此时可以使用"缩放工具""抓手工具""导航器"面板等实现相应的显示效果。

完成过程

单击工具箱中的"缩放工具"按钮，将光标移到图像上并单击，即可放大图像。如需多倍放大图像，可以多次单击。也可以直接按 Ctrl 与 + 组合键放大图像。使用"缩放工具"放大图像，效果如图 1-31 所示。

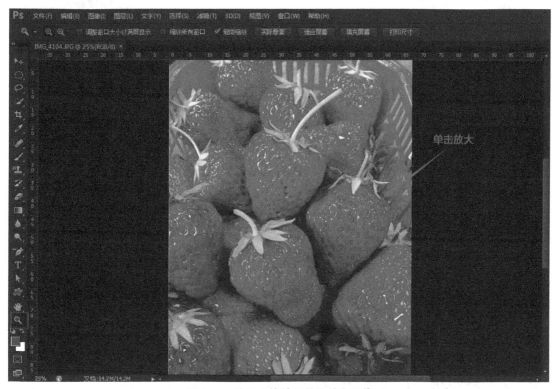

图 1-31　使用"缩放工具"放大图像

当图像的显示比例较大时，图像的局部位置可能无法显示，这时可以选择工具箱中的"抓手工具"，将光标移到图像上，按住鼠标左键并拖动，即可移动图像，查看图像的局部位置，如图 1-32 所示。

也可以使用"导航器"面板查看图像。打开图像文件，执行"窗口" > "导航器"菜单命令，打开"导航器"面板，"导航器"面板显示了整幅图像，图像编辑窗口则显示"导航器"面板内红色矩形框中的内容，如图 1-33 所示。

右击"抓手工具组"按钮，展开工具组列表，其中包含"抓手工具"和"旋转视图工具"，单击"旋转视图工具"，在图像编辑窗口中按住鼠标左键并拖动，可以看到整个视图被旋转了，也可以在选项栏中设置旋转角度，同样能够实现旋转视图的效果。"旋转视图工具"旋转的是视图的显示角度，而没有对图像本身进行旋转，如图 1-34 所示。

图 1-32 使用"抓手工具"移动图像

图 1-33 使用"导航器"面板查看图像

图 1-34 使用"旋转视图工具"旋转视图

　　若想切换屏幕的显示模式，则可以单击工具箱底部的"更改屏幕模式"按钮，在展开的列表中选择相应的屏幕显示模式（"标准屏幕模式""带有菜单栏的全屏模式""全屏模式"），如图 1-35 所示。

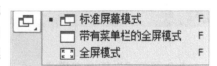

图 1-35 选择屏幕显示模式

　　"标准屏幕模式"是默认的显示模式，可以显示菜单栏、标题栏、滚动条和工具箱，如图 1-36 所示。

图 1-36 标准屏幕模式

"带有菜单栏的全屏模式"可以显示菜单栏 50% 的灰色背景，不显示标题栏和滚动条，如图 1-37 所示。

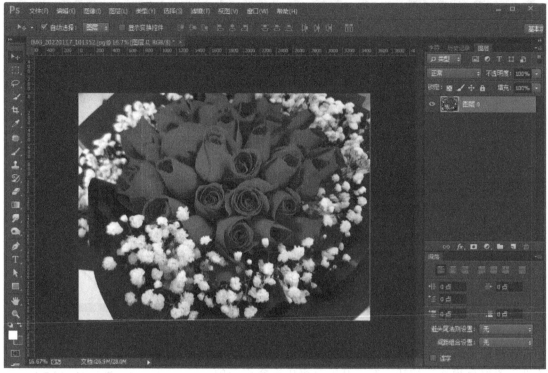

图 1-37　带有菜单栏的全屏模式

"全屏模式"即专家模式，在该模式下，菜单栏、工具箱都被隐藏，只显示图像窗口，如图 1-38 所示。

图 1-38　全屏模式

也可以执行"视图">"屏幕模式"菜单命令，设定屏幕的显示模式，或者按 F 键，切换屏幕的显示模式。

经验指导

"缩放工具"既可以放大图像，也可以缩小图像，在"缩放工具"的选项栏中可以切换该工具的模式，例如，单击"缩小"按钮，可以切换到缩小模式，此时在图像上单击即可缩小图像。也可以直接按 Ctrl 与 - 组合键缩小图像。

使用其他工具时，按住空格键不松手可以快速切换到"抓手工具"，此时在图像上按住鼠标左键拖动即可移动图像，释放空格键会自动切换回之前使用的工具。

1.5　辅助工具的使用

微课视频

任务目标

（1）掌握标尺、辅助线等工具的显示与隐藏方法。
（2）掌握通过"视图"菜单中的选项及"缩放工具"放大或缩小图像的方法。

任务说明

使用 Photoshop CC 时，辅助工具的作用也不容忽视，用好辅助工具，既能优化操作环境，又能节省操作时间。本节主要介绍辅助工具中的标尺、辅助线等工具的使用方法。

完成过程

1. 标尺

标尺的主要作用是度量当前图像的尺寸，执行"视图">"标尺"菜单命令，或者按 Ctrl+R 组合键，即可在当前图像中显示标尺，如图 1-39 所示。

如果要将文件中的标尺隐藏，可以再次执行"视图">"标尺"菜单命令，或者再次按 Ctrl+R 组合键。

标尺的原点如图 1-40 所示。

图 1-39　显示标尺

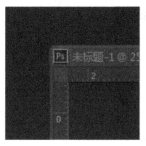

图 1-40　标尺的原点

我们也可以改变标尺的原点，过程如下：将光标定位到标尺的原点并按住鼠标左键，将其拖至目标位置后释放鼠标左键即可。若想复原标尺的原点，则直接在标尺的左上角双击即可。

设定标尺单位的过程如下：在标尺上双击，或者执行"编辑">"首选项">"单位与标尺"菜单命令，打开"首选项"对话框，在该对话框中进行设置即可，如图 1-41 和图 1-42 所示。

图 1-41　执行"单位与标尺"菜单命令

图 1-42　"首选项"对话框

在绘图过程中，可用的单位有厘米、像素、英寸、毫米、点、派卡、百分比，其中常用的单位为厘米与像素。

2. 辅助线

这里介绍两种最常用的辅助线——网格与参考线。

网格是由显示在文件中的一系列相互交叉的直线构成的。执行"视图">"显示">"网格"菜单命令，或者按 Ctrl+'组合键，即可在当前打开的文件中显示网格，如图 1-43 所示。

如果想将文件中的网格隐藏，可以再次执行"视图">"显示">"网格"菜单命令，或者按 Ctrl+'组合键或 Ctrl+H 组合键。

执行"视图">"显示">"参考线"菜单命令，在弹出的对话框中设置各选项的参数，可以精确地在当前文件中新建参考线，如图 1-44 所示。

另外，当文件显示标尺时，将光标移动到标尺的任意位置，按住鼠标左键不放向画面中拖动，即可为画面添加参考线，如图 1-45 所示。

若想删除参考线，可以在按住 Ctrl 键的同时，将参考线拖回标尺。

若想移动参考线，可以使用工具箱中的"移动工具"，也可以在按住 Ctrl 键的同时对参考线进行拖动。

若想设置参考线的属性，可以在按住 Ctrl 键的同时，然后在参考线上双击，打开"首选项"对话框，在对应的参考线、网格、切片等选区中进行设置，如图 1-46 所示。

图 1-43 执行"网格"菜单命令

图 1-44 执行"参考线"菜单命令

图 1-45 添加参考线

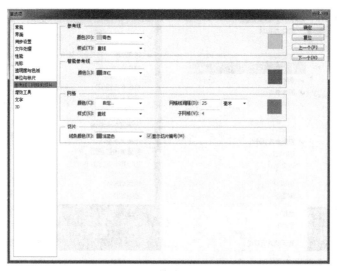

图 1-46 "首选项"对话框

当显示参考线时，执行"视图"＞"显示"＞"参考线"菜单命令，或者按 Ctrl+; 组合键，即可隐藏参考线；当隐藏参考线时，执行"视图"＞"显示"＞"参考线"菜单命令，或者按 Ctrl+; 组合键或 Ctrl+H 组合键，即可显示参考线。

3. 放大 / 缩小

在"视图"菜单中，选择"放大""缩小""按屏幕大小缩放""100%""200%""打印尺寸"选项时，可以放大或缩小图像。按 Ctrl+0 组合键可以让图像按屏幕大小缩放，按 Ctrl+1 组合键可以让图像以 100% 的比例显示，如图 1-47 所示。

另外，使用工具箱中的"缩放工具"也可以放大或缩小图像。按 Z 键，可以快速切换到"缩放工具"，在图像上右击，在弹出的快捷菜单中选择"放大"或"缩小"等选项，即可按照所选方式显示图像，如图 1-48 所示。

图 1-47 "视图"菜单　　　　　　图 1-48 选择"放大"或"缩小"等选项

提示：按住 Ctrl+Space 组合键不放并单击，可以在任何工具状态下放大图像；按住 Alt+Space 组合键不放并单击，可以在任何工具状态下缩小图像。

经验指导

创建参考线时，按住 Shift 键不放拖动参考线，可以使参考线与标尺刻度对齐；当使用其他工具时，按住 Ctrl 键不放拖动参考线，可以将参考线放置在画面的任意位置，不与标尺刻度对齐。

知识目标	熟练掌握"图层"面板的各种命令，能够合理编排图层和图层组，了解"图层"面板中各按钮的作用。
能力目标	熟练掌握"图层"面板中的图层排序、图层混合模式、图层蒙版、调整图层等功能，能够合理地为图层添加图层样式。
重点难点	重点：图层混合模式的应用。 难点：图层样式案例——个性化印章的制作。
参考学时	2.1 调整图像大小——网络证件照片的制作（1 课时） 2.2 图层的基本应用——网络表情的制作（1 课时） 2.3 文档的规范操作——图层的管理（1 课时） 2.4 图层的混合模式——三原色原理（2 课时） 2.5 图像的调整图层——老照片效果的制作（1 课时） 2.6 图层样式案例——个性化印章的制作（2 课时）

2.1 调整图像大小——网络证件照片的制作

微课视频

任务目标

（1）掌握调整图像大小的方法。
（2）掌握将图像存储为 Web 所用格式的方法。

任务说明

如今，很多考试报名系统都要求用户上传一寸或二寸证件照片，大小通常被限制为几百 KB 甚至几十 KB，但正常拍摄的证件照片，其大小往往都超过 1MB，此时就可以使用 Photoshop CC 的图像调整功能，更改图像的大小和分辨率，并将其存储为 Web 所用格式，从而将证件照片顺利上传到考试报名系统中。

完成过程

调整网络证件照片大小的具体操作步骤如下。

Step 01 在 Photoshop CC 中打开证件照素材，查看证件照素材的基本信息，可以看到图像的尺寸和大小都比较大，如图 2-1 所示。

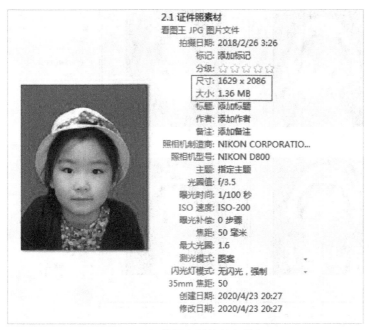

图 2-1　证件照素材的基本信息

Step 02 执行"图像">"图像大小"菜单命令，打开"图像大小"对话框，调整图像的尺寸，如果考试报名系统没有明确要求图像的分辨率，可将图像的"分辨率"设置为 72 像素 / 英寸，"宽度"设置为 413 像素，"高度"设置为 579 像素，然后单击"确定"按钮，如图 2-2 所示。

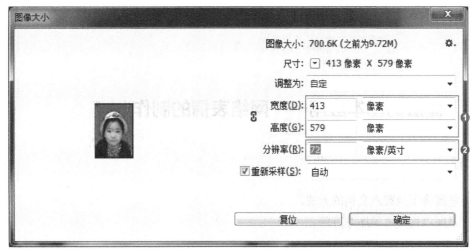

图 2-2　"图像大小"对话框

Step 03 证件照素材因尺寸和分辨率降低，图像已经缩小，但是仍不符合考试系统的要求，我们还要将图像存储为 Web 所用格式，根据需求选择合适的图像（"优化"、"双联"或"四联"），然后单击"存储"按钮，完成证件照片的调整，如图 2-3 所示。

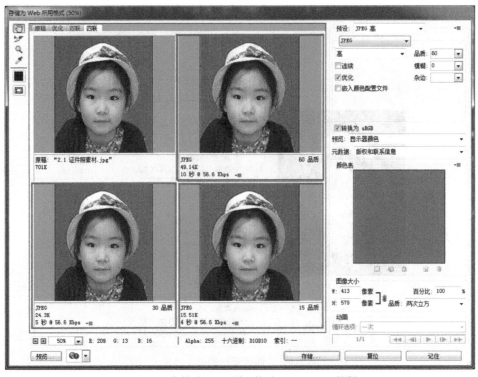

图 2-3 "存储为 Web 所用格式（50%）"对话框

Step 04 图像调整前的大小为 1.36MB，调整后的大小为 50.4KB，如图 2-4 所示。

图 2-4 图像调整前后大小对比

2.2 图层的基本应用——网络表情的制作

微课视频

任务目标

（1）掌握将图像置入文档的方法。
（2）掌握调整图层顺序的方法。

任务说明

　　将图像置入文档是 Photoshop CC 最基本的操作之一，用户需要熟练掌握。图层的层叠关系通常是上层压着下层，从上层透明区域可以看到下层的图像内容，通过层叠图层可以实现很多效果。

完成过程

制作网络中常用的笑脸表情的具体操作步骤如下。

Step01 新建一个 800 像素 ×800 像素，"分辨率"为 72 像素 / 英寸的文档，并将其命名为 "网络表情制作"，如图 2-5 所示。

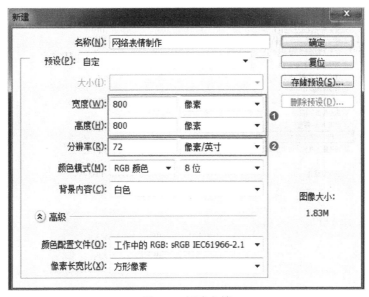

图 2-5　新建文档

Step02 新建文档后，将相关的图像（头部、眼睛、眉毛、嘴部、牙齿、舌头）置入新建的文档中，效果如图 2-6 所示。

> **提示：** 在默认状态下，被置入的图像为智能对象，此时要执行"编辑" > "首选项"菜单命令，或者按 Ctrl+K 组合键，打开"首选项"对话框，取消"将栅格化图像作为智能对象置入或拖动"复选框的选中状态，单击"确定"按钮，如图 2-7 所示。

图 2-6　置入图像后的效果

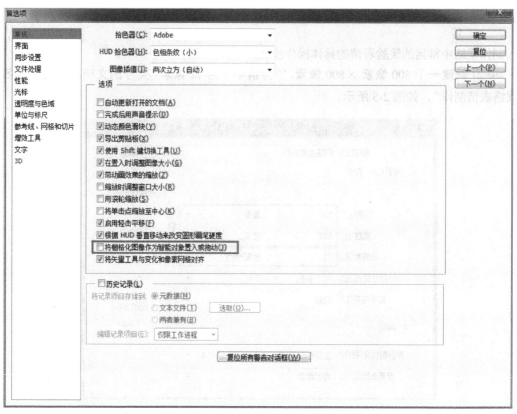

图 2-7　取消"将栅格化图像作为智能对象置入或拖动"复选框的选中状态

Step 03 单击图层名称选中该图层，按住鼠标左键不放，上下拖动，即可更改图层的排列顺序。图层如同叠加在一起的透明玻璃纸，上面的图层覆盖下面的图层，通过上面图层的透明区域可以看到下面图层的内容，如图 2-8 所示。

图 2-8　更改图层排列顺序后的效果

Step 04 选中除"背景"图层外的所有图层，执行"图层"＞"对齐"＞"水平居中"菜单命令，这些图层被水平居中对齐，如图 2-9 所示。

Step 05 网络表情制作完成后的效果如图 2-10 所示。

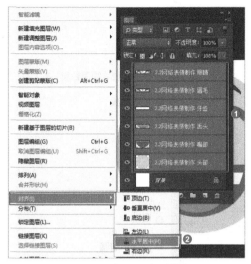

图 2-9　水平居中对齐图层

图 2-10　网络表情制作完成后的效果

2.3　文档的规范操作——图层的管理

微课视频

任务目标

（1）掌握创建图层、图层组，以及删除图层的方法。
（2）掌握查找和锁定图层的方法。

任务说明

标记颜色有助于组织和管理图层，可以使用图层组按逻辑顺序排列图层，从而使"图层"面板中的图层更有序。还可以将图层组嵌套在其他图层组内，也可以使用图层组将属性和蒙版同时应用到多个图层。

完成过程

新建文档后，文档默认附带一个图层，图层名称默认为"背景"，如果进行复杂的图像处理操作，可以在"图层"面板中创建图层组，从而更好地管理图层，以便按逻辑顺序排列图层。此外，右击单个图层的名称，在弹出的快捷菜单中可以选择标记颜色对图层进行标识，"图层"面板如图 2-11 所示。

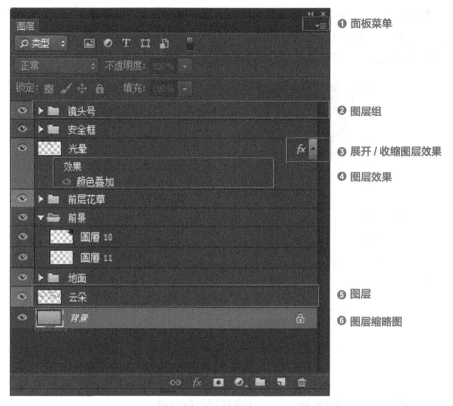

图 2-11 "图层"面板

"图层"面板底部的 7 个按钮可以实现多种功能，它们依次为链接图层、添加图层样式、添加图层蒙版、创建新的填充或调整图层、创建新组、创建新图层、删除图层，如图 2-12 所示。

图 2-12 "图层"面板底部的按钮

右击单个图层的名称，在弹出的快捷菜单中可以选择不同的缩览图选项，方便查看和管理，如图 2-13 所示。

"图层"面板顶部集合了过滤图层功能区和锁定图层功能区，还可以设置图层混合模式和不透明度，如图 2-14 所示。

过滤图层功能区用于在复杂文档中快速找到关键层。用户可以基于名称、种类、效果、模式、属性或颜色标签显示图层的子集，也可以单击相应的图标按钮（像素图层滤镜、调整图层滤镜、文字图层滤镜、形状图层滤镜、智能对象滤镜）进行过滤，该功能区右侧的按钮为图层过滤开关。

锁定图层功能区用于设置完全或部分锁定图层以保护其内容，图层被锁定后，图层名称的右边会出现一个锁形图标。当图层被完全锁定时，锁形图标是实心的；当图层被部分锁定时，锁形图标是空心的。锁定图层功能包含 4 个按钮，其中"锁定透明像素"按钮用于锁定图像的透明像素，此时不能对该锁定图层的透明区域进行编辑，只能对像素区域进行编辑；"锁定图像像素"按钮用于锁定图层中的图像像素，此时不能对图像的像素区域进行编辑，只能移动图像；"锁定位置"按钮用于固定图像的位置，单击该按钮后，不能移动图像；"锁定全部"按钮用于锁定图像的全部属性，单击该按钮后，不能对图像进行编辑。

图 2-13　不同的缩览图选项

图 2-14　"图层"面板顶部

经验指导

对于文字和形状图层，"锁定透明像素"按钮和"锁定图像像素"按钮在默认情况下处于被选中状态，而且不能取消选中。

"不透明度"和"填充"的区别在于两者的作用范围不同，"不透明度"可影响图层样式，"填充"不影响图层样式。

2.4　图层的混合模式——三原色原理

微课视频

任务目标

（1）掌握在选区中填充颜色、取消选区的方法。

（2）掌握更改图层混合模式的方法。

任务说明

三原色指色彩中不能再分解的三种基本颜色，三原色可以分为色彩三原色和光学三原色。色彩三原色为青色、品红色、黄色，色彩三原色再加上黑色，可以构成 CMYK 颜色模式。光学三原色（RGB）为红色、绿色、蓝色（靛蓝色）。RGB 与 CMYK 都是 Photoshop CC 支持的颜色模式，下面通过案例介绍这两种颜色模式的色彩混合原理。

完成过程

1. RGB 色彩混合原理

下面通过案例介绍 RGB 色彩混合原理，具体操作步骤如下。

Step 01 新建一个文档，设置"宽度"和"高度"均为 1000 像素，"分辨率"为 300 像素 / 英寸，"颜色模式"为"RGB 颜色"，"名称"为"RGB 混合原理"，如图 2-15 所示。

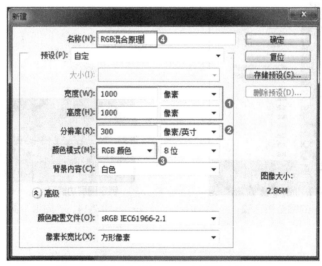

图 2-15　新建文档（RGB 色彩混合原理）

Step 02 创建图层，选择"椭圆选框工具"，按住 Shift 键不放，按下鼠标左键拖曳鼠标绘制圆形。再选择"油漆桶工具"，单击"拾色器"图标，打开"拾色器（前景色）"对话框，设置 R、G、B 的值分别为 255、0、0，单击"确定"按钮，将圆形填充为红色，如图 2-16 所示。

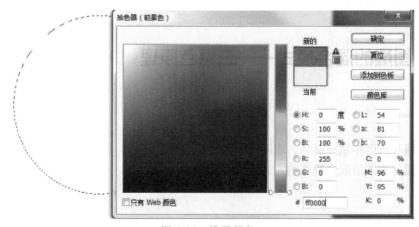

图 2-16　设置颜色

Step 03 再创建两个图层，使用同样的方法绘制两个圆形，将其中一个圆形填充为绿色，即 R、G、B 的值分别为 0、255、0；将另一个圆形填充为蓝色，即 R、G、B 的值分别为 0、0、255。再用"移动工具"调整三个圆形的位置，如图 2-17 所示。

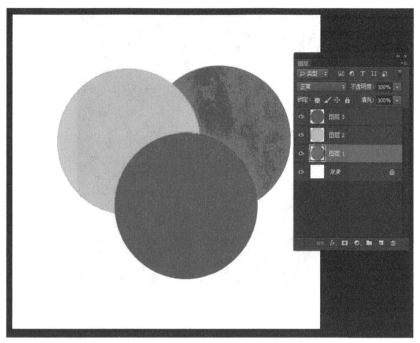

图 2-17　绘制 3 个圆形并填充颜色

Step 04 将"背景"图层填充为黑色或关闭（删除），再将"图层 1""图层 2""图层 3"的图层混合模式均设置为"滤色"，如图 2-18 所示。

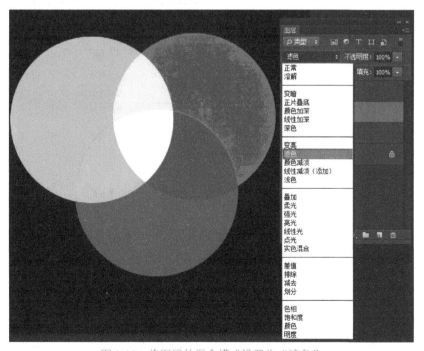

图 2-18　将图层的混合模式设置为"滤色"

Step 05 混合模式中的"滤色"，其原理是将混合色的互补色与基色进行正片叠底，结果色总是较亮的颜色。使用黑色过滤时，颜色保持不变；使用白色过滤时，将产生白色，效果类似多个幻灯片相互叠加投影。使用"滤色"模式模仿 RGB 三原色混合，效果如图 2-19 所示。

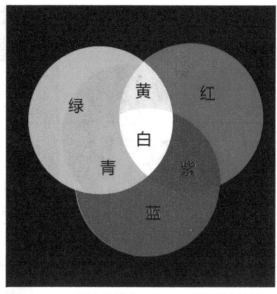

图 2-19　"滤色"模式下 RGB 三原色混合效果

2. CMYK 色彩混合原理

下面通过案例介绍 CMYK 色彩混合原理，具体操作步骤如下。

Step 01 新建一个文档，设置"宽度"和"高度"均为 1000 像素，"分辨率"为 300 像素 / 英寸，"颜色模式"为"CMYK 颜色"，"名称"为"CMYK 混合原理"，如图 2-20 所示。

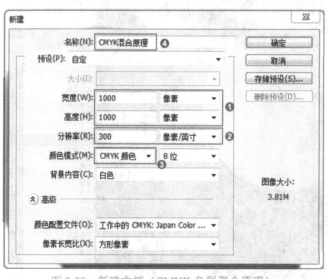

图 2-20　新建文档（CMYK 色彩混合原理）

Step 02 创建 3 个图层，在第 1 个图层中选择"椭圆选框工具"，按住 Shift 键不放，按下鼠标左键拖曳鼠标绘制圆形，并将其填充为天蓝色（C、M、Y、K 的值分别为 100、0、0、0）。使用同样的方法在另外 2 个图层中分别绘制圆形，并将这 2 个圆形分别填充为品红色（C、M、Y、K 的值分别为 0、100、0、0）和黄色（C、M、Y、K 的值分别为 0、0、100、0），最后调整 3 个圆形的位置，如图 2-21 所示。

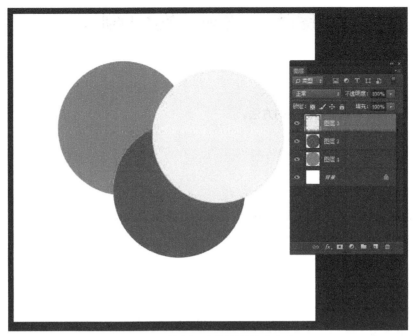

图 2-21 绘制 3 个圆形并填充颜色

Step03 将"图层 1""图层 2""图层 3"的图层混合模式均设置为"正片叠底"。CMYK 颜色模式常用于印刷业务，其本质是色料（颜料）三原色减色法原理。混合模式中的"正片叠底"是指将基色与混合色以正片的方式进行叠底操作，结果色总是较暗的颜色。任何颜色与黑色正片叠底仍为黑色，任何颜色与白色正片叠底保持不变。用"正片叠底"模式模仿 CMYK 三原色混合，效果如图 2-22 所示。

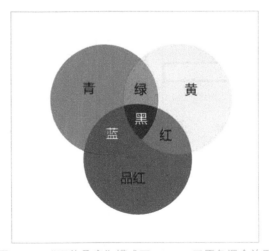

图 2-22 "正片叠底"模式下 CMYK 三原色混合效果

经验指导

快速填充背景色的快捷键为 Ctrl+Delete 组合键，快速填充前景色的快捷键为 Alt+Delete 组合键。取消选区的快捷键为 Ctrl+D 组合键，隐藏选区的快捷键为 Ctrl+H 组合键。

2.5 图像的调整图层——老照片效果的制作

任务目标

（1）掌握为图像添加调整图层的方法。

（2）熟悉调整图层的使用方法。

任务说明

为图像添加调整图层，通过调整色阶的参数，以及更改图层的混合模式，将图像调整为老照片效果。

完成过程

通过调整图层将图像调整为老照片效果的具体操作步骤如下。

Step 01 打开名为"照片"的素材，在"图层"面板中单击"创建新的填充或调整图层"按钮，在弹出的菜单中选择"色阶"选项，如图 2-23 所示。

Step 02 在"属性"面板中调整色阶的参数，将"阴影"输入色阶设置为 37，"中间调"输入色阶设置为 1.00，"高光"输入色阶设置为 230，"输出色阶"设置为 17 ～ 255，如图 2-24 所示，使得照片暗部加重，亮部减弱。

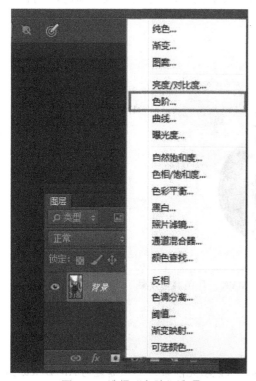

图 2-23 选择"色阶"选项

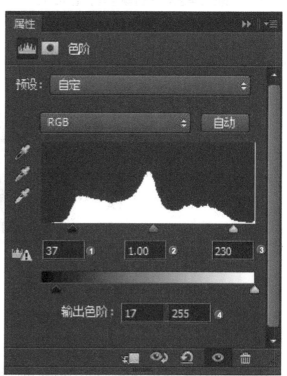

图 2-24 调整"色阶"的参数

Step 03 将名为"纸张"的素材导入文档，调整图层顺序，将其置于顶层，移动纸张素材，使其正好贴合照片，并将"纸张"图层的混合模式设置为"划分"，如图 2-25 所示。

Step 04 在"图层"面板中单击"创建新的填充或调整图层"按钮，在弹出的菜单中选择"曲线"选项，在"属性"面板中调整曲线的参数，将"通道"设置为"蓝"，并为图层添加黄色和蓝色，如图 2-26 所示。

图 2-25 设置图层的混合模式为"划分"

图 2-26 调整"曲线"的参数

Step 05 在"图层"面板中单击"创建新的填充或调整图层"按钮，在弹出的菜单中选择"颜色查找"选项，在"属性"面板中调整颜色查找的参数，在"3DLUT 文件"的下拉菜单中选择"FoggyNight.3DL"（夜雾模式）选项，如图 2-27 所示。

图 2-27 调整"颜色查找"的参数

Step 06 将原始照片与制作完成后的老照片进行对比，如图 2-28 所示。

图 2-28　原始照片与老照片对比效果

经验指导

　　单击"创建新的填充或调整图层"按钮后，所创建的"调整图层"可将对颜色和色调的调整应用于图片，而不会永久更改图片的像素值，颜色和色调的调整存储在"调整图层"中，并应用于该图层下面的所有图层，用户可以通过一次调整来校正多个图层，而不用对每个图层分别进行调整。针对"填充图层"，可以用纯色、渐变或图案进行填充，与"调整图层"不同，"填充图层"不影响其下面的图层。

　　"调整图层"的优点如下：

- 不会破坏原始图片。用户可以尝试设置不同的参数，并且可以随时重新设置"调整图层"，也可以通过降低该图层的不透明度来减轻调整的效果。
- 设置具有选择性。在"调整图层"中设置参数后，可将调整应用于原始图片的部分区域，即实现灵活控制的目的。
- 能够将调整应用于多张图片。可以复制和粘贴"调整图层"，以便多次应用。

2.6 图层样式案例——个性化印章的制作

任务目标

（1）掌握"自定形状工具"的使用方法。
（2）掌握设置滤镜效果的方法。

任务说明

先绘制个性化印章的轮廓；然后为印章外围添加文字素材；再为印章内部添加"头像"素材，并对"头像"素材设置滤镜效果；最后使用"画笔工具"，并设置图层蒙版及混合样式，完成个性化印章的制作。

完成过程

制作个性化印章的具体操作步骤如下。

Step 01 打开名为"纸张"的素材，在"图层"面板中单击"创建新的填充或调整图层"按钮，在弹出的菜单中选择"渐变映射"选项，在"属性"面板中单击渐变色条，打开"渐变编辑器"对话框，将颜色渐变条下方左侧的色标对应的 R、G、B 值调整为 122、104、73，将右侧的色标对应的 R、G、B 值调整为 255、251、247，如图 2-29 所示。操作完成后，背景变得更加复古。

图 2-29　调整背景

Step 02 新建图层并将其命名为"圆形 1"，绘制一个圆形并将其填充为黑色，如图 2-30 所示。

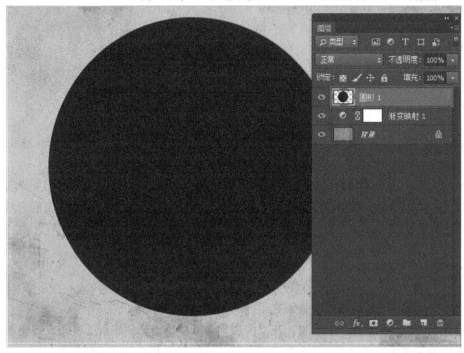

图 2-30　绘制黑色圆形

Step 03 单击"圆形 1"图层，按 **Alt+Ctrl+J** 组合键，弹出"新建图层"对话框，在"名称"文本框中输入"圆形 2"，单击"确定"按钮，此时在"圆形 2"图层中会有一个与"圆形 1"图层完全一样的圆形。使用相同的方法新建"圆形 3"图层和"圆形 4"图层，如图 2-31 所示。

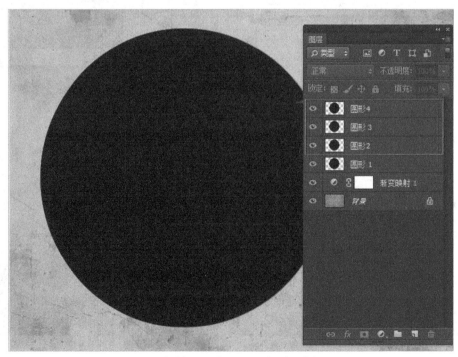

图 2-31　复制"圆形 1"图层得到 3 个新图层

Step 04 将"圆形 1"图层的"填充"参数值设置为 0%，双击"圆形 1"图层，打开"图层样式"对话框，勾选"描边"复选框，在"结构"选区设置"大小"的参数值为 6 像素，单击"确定"按钮，如图 2-32 所示。

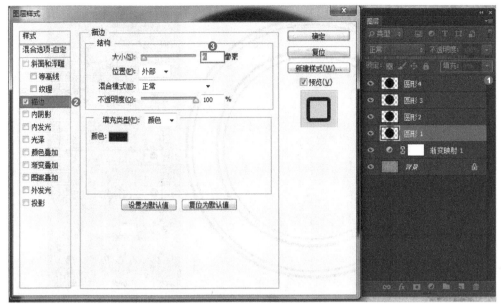

图 2-32　对"圆形 1"图层进行操作

Step 05 在"圆形 2"图层中，选择"自由变换工具"（或者按 Ctrl+T 组合键），同时按 Shift 键和 Alt 键，以圆心为基准点将圆形缩小至 95%，将"填充"参数值设置为 0%，并添加"大小"为 4 像素的"描边"图层样式，如图 2-33 所示。

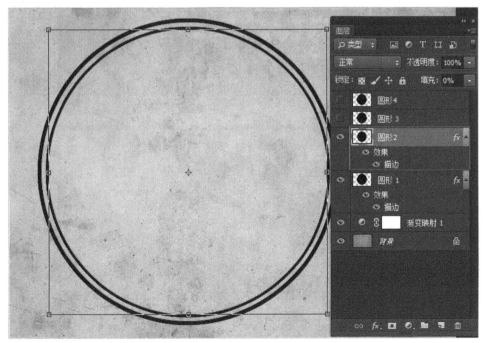

图 2-33　对"圆形 2"图层进行操作

Step 06 使用相同的方法，将"圆形 3"图层中的圆形缩小至 75%，将"填充"参数值设置为 0%，并添加"大小"为 6 像素的"描边"图层样式；将"圆形 4"图层中的圆形缩小至 70%，将"填充"参数值设置为 0%，并添加"大小"为 4 像素的"描边"图层样式，如图 2-34 所示。

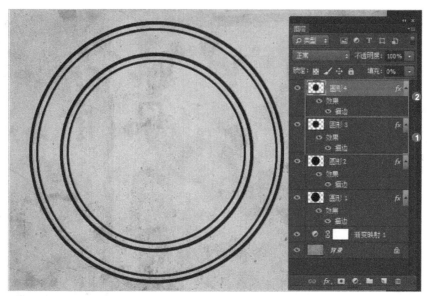

图 2-34　对"圆形 3"图层和"圆形 4"图层进行操作

Step 07 新建"图层 1"图层，选择"自定形状工具"，单击"形状"右侧的下拉按钮，在弹出的菜单中单击右侧的齿轮按钮，在弹出的子菜单中选择"载入形状"选项，打开"载入"对话框，载入圆形形状，如图 2-35 所示。

图 2-35　载入圆形形状

Step 08 单击"自定形状工具"中"形状"左侧的齿轮按钮，在弹出的菜单中选中"定义的大小"单选按钮，并勾选"从中心"复选框，如图 2-36 所示。

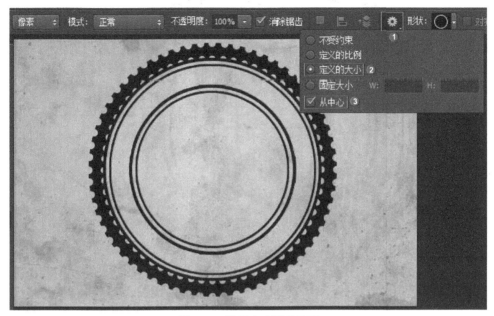

图 2-36　设置自定形状选项

Step 09 载入名为"文字"的素材，并调整其位置，效果如图 2-37 所示。

图 2-37　载入"文字"素材

Step 10 下面制作照片的印章效果。添加名为"头像"的素材，并调整其大小和位置。选择"圆形 4"图层，按住 Ctrl 键不放并单击"圆形 4"图层的缩略图，载入该图层的选区，如图 2-38 所示。

图 2-38 载入"圆形 4"图层的选区

Step 11 选择"头像"素材所在的图层，在"图层"面板底部单击"添加图层蒙版"按钮，如图 2-39 所示。

图 2-39 添加图层蒙版

Step 12 将"前景色"设置为黑色,"背景色"设置为白色,执行"滤镜">"滤镜库"菜单命令,在打开的对话框中选择"素描">"影印"选项,将"细节"的参数值设置为8,"暗度"的参数值设置为16,设置完成后单击"确定"按钮,如图2-40所示。

图 2-40　设置"影印"滤镜的参数值

Step 13 给当前图层添加图层样式,在"图层样式"对话框的"混合颜色带"选区中有两个颜色带,移动"本图层"颜色带的色标可以隐藏白色,本例将右侧的色标移至105对应的位置,单击"确定"按钮,如图2-41所示。

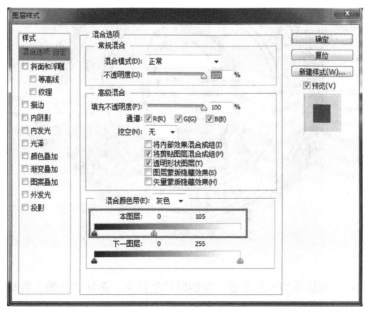

图 2-41　添加图层样式

Step 14 选择所有的图层（圆形图层、文字图层、"头像"素材所在的图层）并右击，在弹出的快捷菜单中选择"转换为智能对象"选项，为图层添加图层蒙版。选择"画笔工具"绘制斑驳的效果，通过改变画笔的"大小"和"硬度"使绘制效果更加逼真，如图 2-42 所示。

图 2-42　绘制斑驳的效果

Step 15 创建"印章"图层，选择"画笔工具"，将画笔的"大小"设置为 800，绘制印章波纹线，如图 2-43 所示。

图 2-43　绘制印章波纹线

Step 16 为"印章"图层添加图层蒙版，绘制斑驳的效果。选择"头像"素材所在的图层，并添加"颜色叠加"图层样式，将 R、G、B 的参数值设置为 162、75、91，依次单击"确定"按钮，如图 2-44 所示。

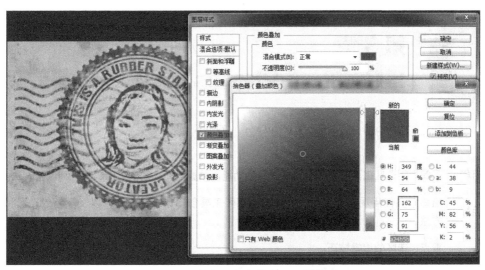

图 2-44　添加 "颜色叠加" 图层样式

Step 17 创建新图层，在 "画笔工具" 中选择旧信封样式的纹理，绘制旧信封效果。至此，个性化印章制作完成，效果如图 2-45 所示。

图 2-45　个性化印章的最终效果

经验指导

图层样式可以应用于图层或图层组，并且可以设置一种或多种效果，但是，图层样式不能应用于 "背景" 图层、锁定的图层或图层组，若要将图层样式应用于 "背景" 图层，需要先将 "背景" 图层转换为常规图层。

第3章
用好选区——Photoshop CC 实践技术基础

知识目标	了解规则选区工具和不规则选区工具的功能，掌握不同选区的存储、载入和调整方法。
能力目标	熟练掌握使用规则选区工具和不规则选区工具创建选区的方法，以及颜色的设置和填充方法。
重点难点	重点：选区的编辑技巧。 难点：掌握创建路径及路径载入选区的基本方法。
参考学时	3.1　设计起点——选区的创建（1课时） 3.2　素材提取——选区的抠图（1课时） 3.3　升级选区——复杂选区的创建（2课时） 3.4　图像编辑——选区的填充（1课时）

3.1　设计起点——选区的创建

微课视频

任务目标（一）

（1）了解规则选区的基本创建方法。

（2）掌握使用前景色或背景色填充选区的技巧。

任务说明

在 Photoshop CC 中，最重要且不可或缺的功能就是选区，几乎所有有针对性的操作都要从建立选区入手，用户可以根据处理对象选择最适合的选区工具，精准快捷地在特定的范围的创建选区，然后对选区进行操作。

Photoshop CC 包含多种选区工具，如图 3-1 所示。

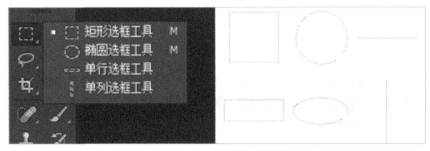

图 3-1　选区工具

完成过程

下面以一张相册内页的设计为例介绍选区的基本创建方法及选区的填充方法。

Step01 执行"文件">"新建"菜单命令，打开"新建"对话框，新建"宽度"为 420 毫米，"高度"为 297 毫米，"分辨率"为 300 像素 / 英寸的文档，如图 3-2 所示。

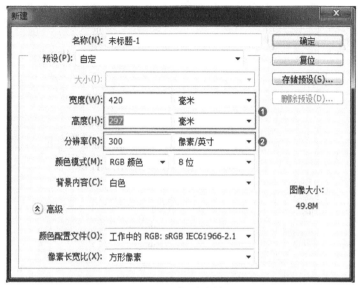

图 3-2　新建文档

Step02 新建一个图层，显示参考线，将参考线作为相册内页版心选区的参考依据，如图 3-3 所示。

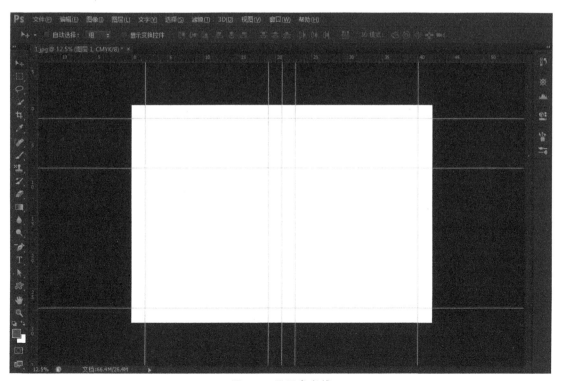

图 3-3　显示参考线

Step 03 双击"前景色"图标，在"拾色器（前景色）"对话框中选择适合相册内页的颜色。新建选区，使用 Alt+Delete 组合键填充前景色。接下来，制作内页照片填充预设选区（该选区可填充为蓝色）及点缀图形，如图 3-4 和图 3-5 所示。

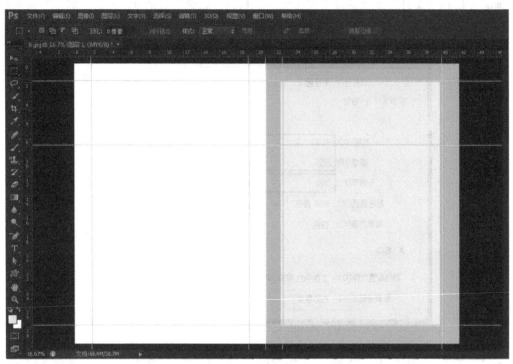

图 3-4　内页照片填充预设选区

图 3-5　点缀图形

Step04 将照片文件放入已填充颜色的图层中，并将之前预设的选区载入照片图层，按住 Ctrl
键不放单击"图层"面板中对应的图层内容，如图 3-6 所示。

图 3-6　载入照片图层

Step05 在照片图层中，按 Ctrl+Shift+I 组合键反选选区，再按 Delete 键进行删除，最后按
Ctrl+D 组合键取消选区，选区设置完成后的效果如图 3-7 所示。

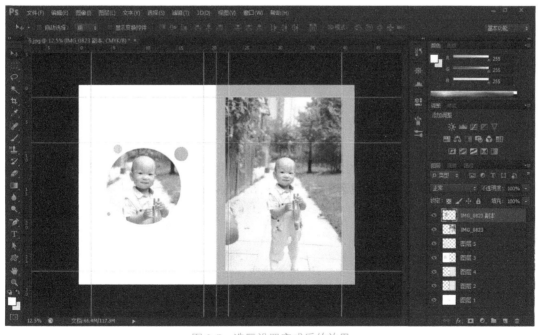

图 3-7　选区设置完成后的效果

Step 06 添加文字内容，丰富设计效果，如图 3-8 所示。

图 3-8　相册内页的最终效果

任务目标（二）

（1）掌握使用规则选区工具进行标准化制图的方法。

（2）掌握选区的运算法则。

任务说明

当设计一些标准化、规范化的图形结构时，可以使用规则选区工具，使用这类选区工具能在文档中创建各种规则选区，创建选区后，操作只在选区内进行，选区外不受任何影响。

完成过程

1. 规则选区工具

规则选区工具集合在矩形选框工具组中，包含"矩形选框工具""椭圆选框工具""单行选框工具""单列选框工具"。使用规则选区工具时，可以结合选项栏进行设置，规则选区工具选项栏如图 3-9 所示。

图 3-9　规则选区工具选项栏

规则选区工具选项栏中各选项的含义如下。

- 新选区 ■：单击该按钮，可以创建单个矩形选区，选择"样式"下拉列表中的选项，可以建立"固定比例"或"固定大小"的矩形选区。
- 添加到选区 ■：单击该按钮，可以将新的选区添加到之前的选区中。按住 Shift 键不放，创建新的选区也可以实现相同的效果。
- 从选区减去 ■：单击该按钮，可以从原选区中减掉新创建的选区。按住 Alt 键不放，在原有选区上框选，也可以实现减选区的效果。
- 与选区交叉 ■：单击该按钮，在原选区的基础上再次框选创建选区，交叉的部分将作为新的选区。按住 Shift+Alt 组合键不放，在原有选区上框选，也可以实现相同的效果。
- 羽化：设置"羽化"参数会使选区的边缘柔和，填充后可以降低边缘的对比度。如果创建选区之前，在工具选项栏中输入参数值，可以直接创建羽化后的选区效果。如果选区已经创建，则可以执行"选择"＞"修改"＞"羽化"菜单命令，或者按 Shift+F6 组合键实现选区的羽化效果。
- 消除锯齿：勾选此复选框，会使圆形或弧形的边缘更光滑。
- 样式：在使用"矩形选框工具"和"椭圆选框工具"时，可以选择选区的样式。选择"正常"选项，则在创建选区时，可以自由确定宽度和高度；选择"固定比例"选项，后面的"宽度"和"高度"文本框会被激活，可以设置宽度与高度的比例，绘制的选区将固定为该比例；选择"固定大小"选项，可以在"高度"和"宽度"文本框中指定具体的参数值，然后按照该参数值绘制选区。

"样式"下拉列表如图 3-10 所示。

图 3-10　"样式"下拉列表

2. 使用规则选区工具绘制同心圆环

Step 01 新建一个 500 像素 ×500 像素，"分辨率"为 100 像素 / 英寸的文档，如图 3-11 所示。

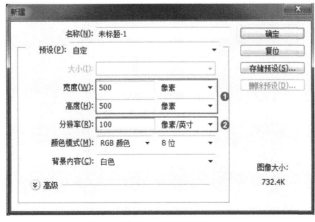

图 3-11　新建文档

Step 02 按 Ctrl+R 组合键调出标尺，按 Ctrl+' 组合键调出网格。选择"椭圆选框工具"，按 Shift+Alt 组合键，绘制一个圆形选区，如图 3-12 所示。

Step 03 选择"椭圆选框工具"，按 Alt+Shift 组合键，在大的圆形内部绘制小的同心圆，松开 Alt 键，并再次按 Alt 键，即从大的圆形选区中减去小的圆形选区，从而形成圆环选区，如图 3-13 所示。

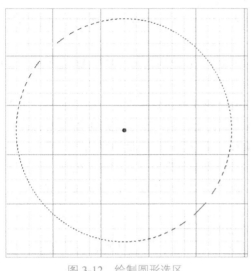

图 3-12　绘制圆形选区

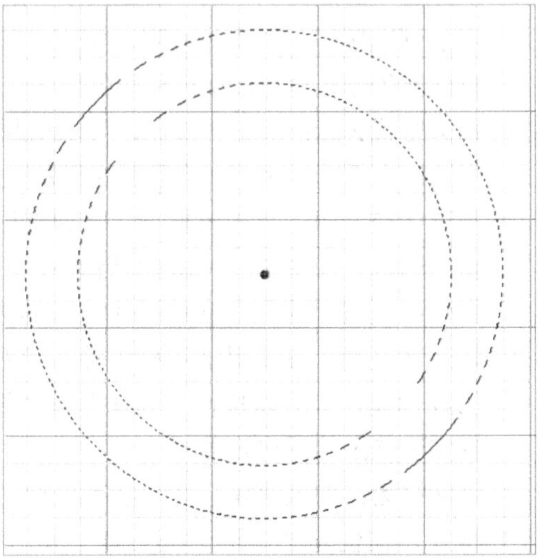

图 3-13　绘制同心圆

Step 04 接下来在圆环选区内添加一个略小的圆形选区。选择"椭圆选框工具"，按 Shift+Alt 组合键，在圆环选区内绘制略小的圆形选区，松开 Shift 键，并再次按 Shift 键，如图 3-14 所示。

Step 05 按照 Step03 的操作绘制一个更小的同心圆，选区绘制完成后的效果如图 3-15 所示。

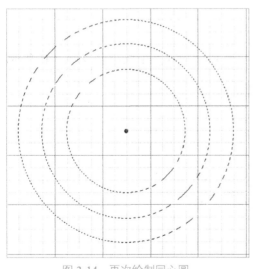
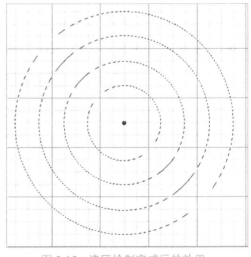

图 3-14　再次绘制同心圆

图 3-15　选区绘制完成后的效果

Step 06 将"前景色"设置为黑色，然后使用工具箱中的"油漆桶工具"，或者按 Alt+Delete 组合键填充前景色，最终效果如图 3-16 所示。

图 3-16 最终效果

经验指导

（1）"矩形选框工具"用于绘制矩形选区，在选项栏中可以设置矩形选区的大小和比例。

（2）"椭圆选框工具"用于绘制椭圆选区，在选项栏中可以设置椭圆选区的大小与比例。

（3）"单行／单列选框工具"用于创建 1 像素的行／列选区，配合 Shift 键，可以创建表格和辅助线。当使用鼠标创建选区时，若不松开鼠标左键，再按空格键，则可以保持当前选区不变并将其平移。松开空格键后，可以继续绘制选区。

（4）选择"矩形选框工具"或"椭圆选框工具"，按住 Alt 键不放并按住鼠标左键进行拖动，将以鼠标指针初始位置为中心创建对称的选区。若按住 Alt+Shift 组合键不放，并按住鼠标左键进行拖动则可以创建正方形选区或圆形选区。

3.2 素材提取——选区的抠图

微课视频

任务目标（一）

（1）掌握多种"套索工具"的使用方法。

（2）掌握设置"套索工具"参数的技巧。

任务说明

规则选区工具适用于选取或绘制外形比较单一的对象，在选择一些外形相对复杂的素材时，则需要使用不规则选区工具——"套索工具"。

完成过程

1. 套索工具

套索工具组包含"套索工具"、"多边形套索工具"和"磁性套索工具"，如图 3-17 所示。

图 3-17　套索工具

套索工具组中的"多边形套索工具"多用于在图像或某个图层中手动创建多边形不规则选区，我们也可以使用该工具快速选择轮廓较为规则的多边形对象。"磁性套索工具"则多用于选择边缘比较清晰，且与背景颜色反差比较大的对象，图像反差越大，所选择的对象越精准。

使用"套索工具"时，要注意其选项栏的设置，如图 3-18 所示。

图 3-18　"套索工具"选项栏

"套索工具"选项栏中各选项的含义如下。

- "羽化"的取值范围为 0 ～ 250，用于羽化选区的边缘，数值越大，羽化的边缘越大。
- "消除锯齿"，勾选该复选框，可以让选区边缘更平滑。
- "宽度"的取值范围为 1 ～ 256，默认值为 10。
- "边对比度"的取值范围为 1 ～ 100，用于设置"磁性套索工具"检测选区边缘的灵敏度。如果选择的对象与周围对象间的颜色对比度较强，则可以设置较大的数值，反之则设置较小的数值。
- "频率"的取值范围为 0 ～ 100，默认值为 57，用于设置在选择对象时关键点的创建速率，数值越大，创建速率越快，关键点就越多。当对象的边缘较复杂时，需要较多的关键点来确定边缘的准确性，则可以设置较大的频率值。使用套索工具时，可以按退格键或 Delete 键控制关键点。

2. 使用套索工具抠图

Step 01 在 Photoshop CC 中打开素材，并调整视图，如图 3-19 所示。

Step 02 选择"磁性套索工具"，沿对象外轮廓单击，软件会自动捕捉对象的边缘并建立选区，如图 3-20 所示。

图 3-19　打开素材并调整视图（一）

图 3-20　建立选区（一）

Step 03 按 Ctrl+J 组合键，在原来图层的上方复制生成一个新图层，并将选区载入新图层，如图 3-21 所示。

图 3-21　将选区载入新图层

Step 04 选择"多边形套索工具"，在图像中连续单击对象的外轮廓，绘制一个多边形，双击后即可自动闭合多边形路径并建立选区，如图 3-22 所示。

图 3-22　建立选区（二）

Step 05 再次按 Ctrl+J 组合键，并删除原始图层，就将想要的对象提取出来了，如图 3-23 所示。

图 3-23　提取对象（一）

任务目标（二）

（1）掌握"魔棒工具"的使用方法。
（2）掌握"魔棒工具"参数的设置方法。

任务说明

"魔棒工具"是一种比较便捷的抠图工具，对于一些界线比较明显的对象，使用"魔棒工具"可以快速完成抠图操作。

完成过程

1. 魔棒工具

"魔棒工具"是根据色值分布来选取对象的。在需要选择的对象上连续单击，就可以将单击位置的对象添加至选区。

"魔棒工具"选项栏如图 3-24 所示。

图 3-24　"魔棒工具"选项栏

"魔棒工具"选项栏中部分选项的含义如下。

- "容差"，决定选择区域的精度，值越大越不精确。
- "连续"，勾选该复选框，只选择与光标位置颜色相近且相连的部分。
- "对所有图层取样"，勾选该复选框，选择所有图层上与光标位置颜色相近的部分，否则只选择当前图层。

2.使用"魔棒工具"抠图

Step 01 打开素材，并调整视图，如图 3-25 所示。

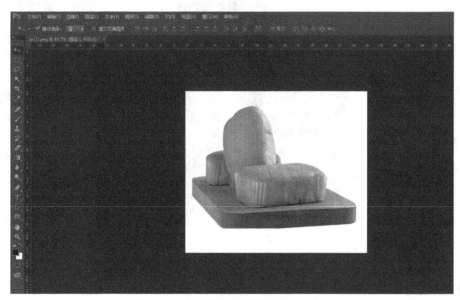

图 3-25　打开素材并调整视图（二）

Step 02 选择"魔棒工具"，在选项栏中单击"添加到选区"按钮 ，设置"容差"为 32，分别勾选"消除锯齿"和"连续"复选框，在对象上连续单击建立选区，如图 3-26 所示。

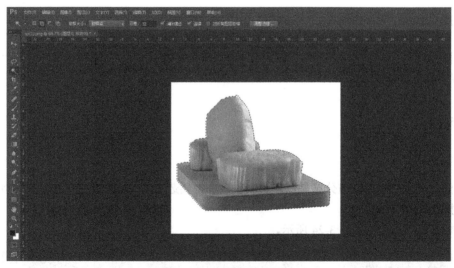

图 3-26　建立选区（三）

Step 03 按 Ctrl+Shift+I 组合键反选选区，选择对象以外的背景内容，按 Delete 键删除背景，对象就被保存下来了，如图 3-27 所示。

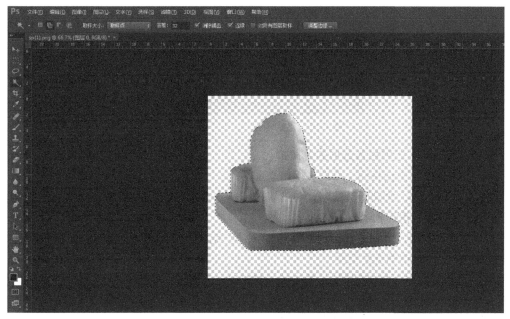

图 3-27 提取对象（二）

Step 04 将提取的对象置于场景中，完成设计，效果如图 3-28 所示。

图 3-28 完成设计后的效果（一）

任务目标（三）

（1）掌握"快速选择工具"的使用方法。
（2）掌握"快速选择工具"参数的设置方法。

任务说明

使用"快速选择工具"可以调整画笔的笔触、硬度和间距等参数，通过单击或拖动鼠标可以快速创建选区。拖动鼠标时，选区会向外扩展并自动查找和跟随图像中定义的边缘。

完成过程

1. 快速选择工具

"快速选择工具"选项栏如图 3-29 所示。

图 3-29　"快速选择工具"选项栏

"快速选择工具"选项栏各选项的含义如下。

- 新选区 ![图标]：单击该按钮，可以直接建立选区。
- 添加到选区 ![图标]：创建新选区时，单击该按钮，或者按 Shift 键，可以将未选取的部分添加到选区中，以精确选区范围。
- 从选区减去 ![图标]：创建新选区时，单击该按钮，或者按 Alt 键，可以在当前选区中减去多余的部分，以精确选区范围。
- "画笔"选取器下拉按钮 ![图标]：单击该下拉按钮，在展开的列表中选择画笔的大小。在英文输入模式下，可以使用键盘上的"{"和"}"键来增大和减小画笔的大小。
- 自动增强 ![图标]：自动增强选区边缘。

2. 使用"快速选择工具"抠图

Step 01 打开素材，并调整视图，如图 3-30 所示。

图 3-30　打开素材并调整视图（三）

Step 02 选择"快速选择工具"，在对象的边缘处单击，然后按住鼠标左键不放沿着对象的外轮廓拖动鼠标，直到路径闭合，形成选区，如图 3-31 所示。

图 3-31　建立选区（四）

Step 03 按 Ctrl+Shift+I 组合键反选先区，选择对象以外的背景内容，按 Delete 键删除背景，对象就被保存下来了，如图 3-32 所示。

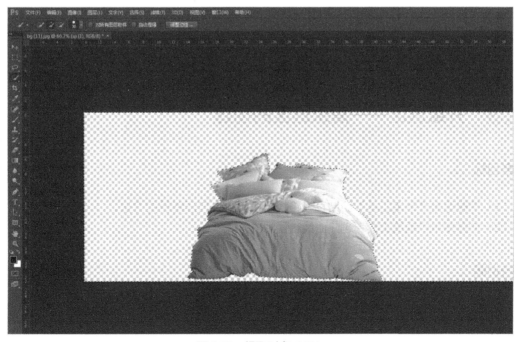

图 3-32　提取对象（三）

Step 04 将提取的对象置于场景中，完成设计，效果如图 3-33 所示。

图 3-33 完成设计后的效果（二）

经验指导

　　"魔棒工具"用于选择图像中像素颜色相似的不规则区域，它主要通过图像的色调、饱和度和亮度信息来决定选取的图像范围。

　　"快速选择工具"主要通过鼠标单击在需要的区域迅速创建选区，通过调整画笔的笔触大小来控制选择对象的宽度范围，画笔直径越大，所选择的图像范围就越广。

3.3 升级选区——复杂选区的创建

微课视频

任务目标

　　（1）掌握使用"钢笔工具"绘制直线路径以及闭合几何形路径的方法。
　　（2）掌握使用"钢笔工具"创建曲线路径的方法。

任务说明

　　"钢笔工具"可以绘制精确的直线或曲线路径，将绘制的路径转换为选区，就能从原图像中抠取需要的对象。

完成过程

1. 钢笔工具

钢笔工具组包含"钢笔工具""自由钢笔工具""添加锚点工具""删除锚点工具"和"转换点工具",如图 3-34 所示。

图 3-34　钢笔工具

2. 使用"钢笔工具"绘制直线路径

选择"钢笔工具",将锚点定位到直线的起点,按住鼠标左键拖动,到合适位置再次单击,即可绘制直线。如果绘制的过程中按住 Shift 键,可以创建水平或垂直 45° 变化的直线,如图 3-35 所示。

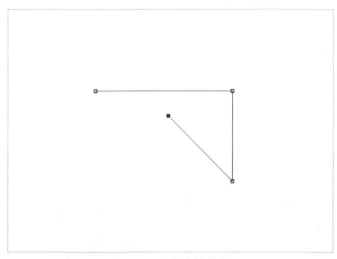

图 3-35　绘制直线路径

如果要闭合路径,将最后一个锚点定位到第一个(空心)锚点上,钢笔指针旁出现一个小圆圈,单击即可闭合路径;如果要建立开放路径,可以在选择结束时按 Ctrl 键,并单击空白处。

绘制好路径后,可以在工具选项栏单击"建立选区"按钮,将路径转化为选区;或者单击"新建形状图层"按钮,可以创建形状图层;单击"新建矢量蒙版"按钮,可以将创建的路径转化为矢量蒙版。

3. 使用"钢笔工具"创建曲线路径

选择"钢笔工具",将锚点定位到曲线的起点,按住鼠标左键拖动,此时会出现第一个锚点,同时钢笔指针变为箭头,保持按下鼠标左键的状态,拖动鼠标以设置要创建的曲线段的斜度,确定后松开鼠标,即可创建曲线路径。

如果要闭合路径,将最后一个锚点定位到第一个(空心)锚点上,钢笔指针旁将出现一个小圆圈,单击即可闭合路径;如果要建立开放的曲线路径,可以在选择结束时按 Ctrl 键,并单击空白处。创建的曲线路径如图 3-36 所示。

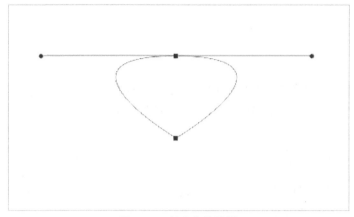

图 3-36　创建曲线路径

　　如果想修改路径，可以使用工具箱中的"路径选择工具"或"直接选择工具"来选择锚点，进行修改。如果对路径不满意，还可以使用"添加锚点工具"或"删除锚点工具"对路径进行修改。"添加锚点工具"默认添加的是曲线点。"转换点工具"用来转换直线锚点和曲线锚点，曲线锚点转换为直线锚点，直接使用鼠标单击锚点即可；直线锚点转换为曲线锚点，需按下鼠标左键并拖动，出现箭头时松开即可。

4. 使用"钢笔工具"抠图

　　Step 01 打开素材，并调整视图，如图 3-37 所示。

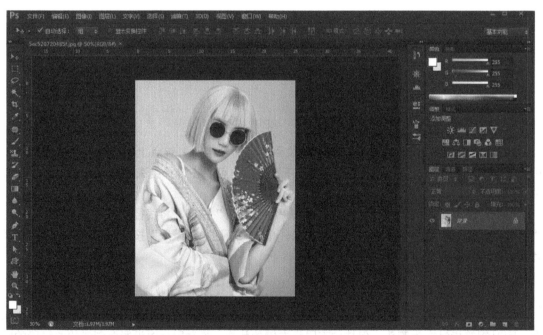

图 3-37　打开素材并调整视图（四）

　　Step 02 选择"钢笔工具"，将锚点定位到对象的边缘，按下鼠标左键，绘制过程中会出现一个锚点，同时钢笔指针变为箭头，保持按下鼠标左键的状态，拖动鼠标以设置要创建的曲线段，如图 **3-38** 所示。

图 3-38　绘制锚点

Step 03 通过"钢笔工具"把整个对象都勾勒出来，单击开始的第一个锚点，形成闭合路径，如图 **3-39** 所示。

图 3-39　形成闭合路径

Step 04 把"路径"转换为"选区"，可以单击"路径"面板下方的"将路径作为选区载入"按钮，系统将使用默认的设置将当前路径转换为选区；或者单击选项栏中的"新建形状图层"按钮，可以创建形状图层；也可以按住 **Ctrl** 键不放的同时单击"路径"面板中的路径缩览图，同样可以将选区载入图像中，如图 **3-40** 所示。

图 3-40　将"路径"转换为"选区"

Step 05 按 **Ctrl+Shift+I** 组合键反选选区，选择对象以外的背景内容，按 **Delete** 键删除背景，对象就被保存下来了，如图 **3-41** 所示。

图 3-41　提取对象（四）

Step06 将提取的对象置于场景中，完成设计，效果如图 3-42 所示。

图 3-42　完成设计后的效果（三）

经验指导

在"钢笔工具"选项栏中，选择"橡皮带" ⚙ 选项，可以在移动光标时预览两次单击之间的路径段。勾选"自动添加 / 删除"选项，可以在单击线段时添加锚点，或在单击锚点时删除锚点。

3.4　图像编辑——选区的填充

微课视频

任务目标（一）

（1）掌握选区间加减运算的规则。
（2）掌握渐变填充选区的方法。

任务说明

本案例将制作宝马标志图形图标，以此巩固选区工具的使用技巧，熟悉编辑选区、填充颜色的技巧，还会通过"喷枪工具"、渐变填充以及选区之间的加减运算的使用增加图标的层次感，做出较为逼真的效果。

完成过程

Step 01 新建 A4 纸大小的文档，"颜色模式"设置为"CMYK 颜色"，"背景内容"设为白色，如图 3-43 所示。

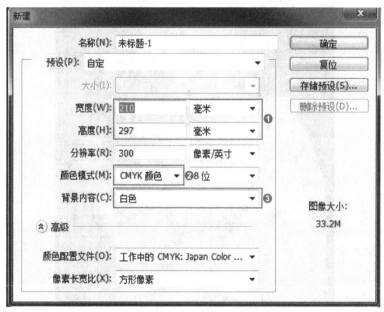

图 3-43　新建文档

Step 02 双击"背景"图层，打开"新建图层"对话框，单击"确定"按钮，将"背景"图层改名为"图层 0"。再新建一个"图层 1"，然后用"椭圆选框工具"在文档的中间绘制一个圆形选区，如图 3-44 所示。

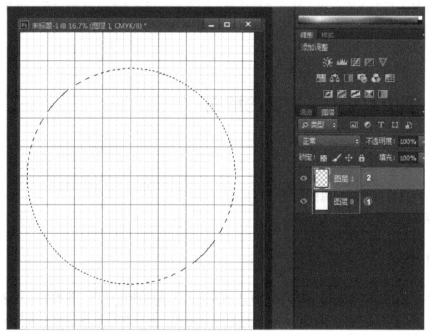

图 3-44　建立圆形选区

Step 03 将圆形选区填充为黑色。新建"图层 2"，使用"喷枪工具"在黑色部分喷上高光，注意要将"前景色"设置为白色，如图 3-45 所示。

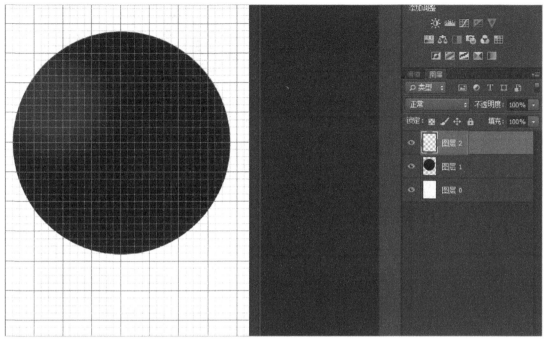

图 3-45　增加高光

Step 04 使用 Shift 键与 Alt 键创建一个同心圆选区，该同心圆选区略大于"图层 1"中的圆形，如图 3-46 所示。

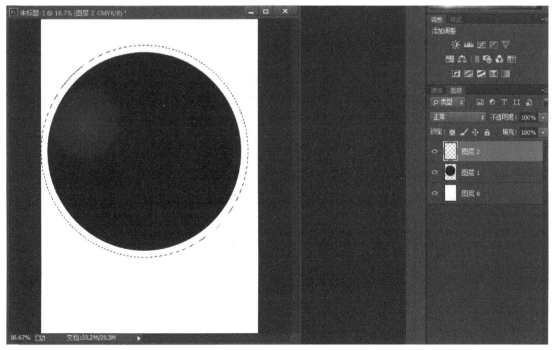

图 3-46　创建同心圆选区

Step 05 执行"选择">"存储选区"菜单命令，打开"存储选区"对话框，设置选区"名称"为 1，单击"确定"按钮，存储选区，如图 3-47 所示。

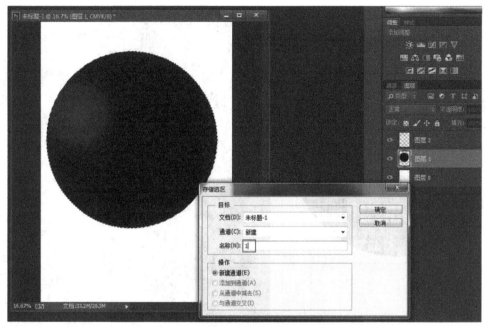

图 3-47　存储选区

Step 06 按 Ctrl+D 组合键取消选区。按住 Ctrl 键不放，单击"图层 1"，提取选区，再次按照 Step05 的操作存储选区，选区"名称"设置为 2。

Step 07 执行"选择">"载入选区"菜单命令，打开"载入选区"对话框，选择通道 1，新建选区；再次执行"选择">"载入选区"菜单命令，选择通道 2，并选中"从选区中减去"单选按钮，单击"确定"按钮，如图 3-48 所示，这样可以得到一个精准的圆环选区。

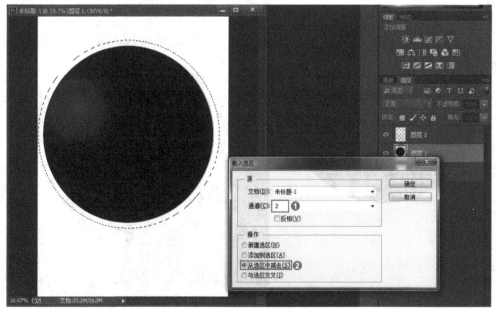

图 3-48　载入选区

Step 08 新建"图层 3"，设定"前景色"为 #c3d5df，"背景色"为 #4b4c50，选择"渐变工具"，从左上角向右下角拉出线性渐变。再为"图层 1"与"图层 3"加入图层样式，效果如图 3-49 所示。

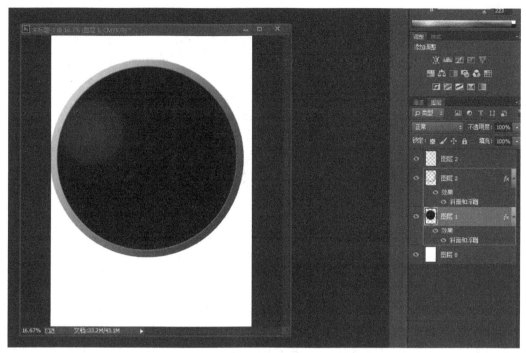

图 3-49　线性渐变

Step 09 新建"图层 4"，按照相同的方法创建里面的小圆形，并填充为白色，如图 3-50 所示。

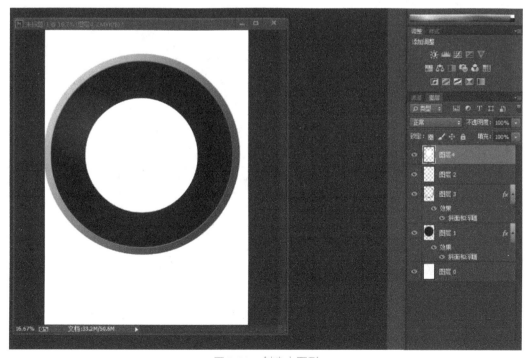

图 3-50　创建小圆形

Step 10 保持选区，借助 Alt 键制作扇形选区，如图 3-51 所示。

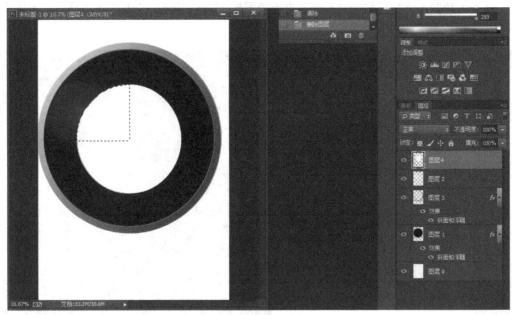

图 3-51 创建扇形选区

Step 11 新建"图层 5"，填充"前景色"#4f9dc7，并执行"编辑" > "描边"菜单命令，打开"描边"对话框，设置"宽度"为 3 像素，"颜色"为黑色，并选中"内部"单选按钮。然后复制"图层 5"，得到"图层 5 拷贝"，按 Ctrl+T 组合键，调出自由变换框，以圆的中心为基准，顺时针旋转 180°，得到如图 3-52 所示效果。

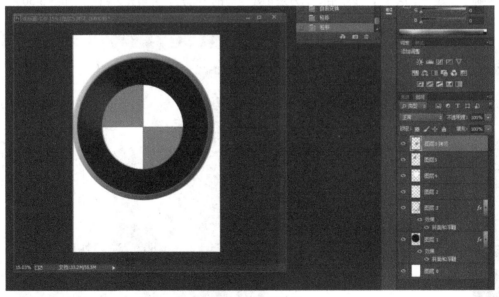

图 3-52 旋转后效果

Step 12 按住 Ctrl 键不放，单击"图层 5"，提取选区，使用"变换选区"命令，得到白色的扇形选区。按照相同的操作扇形选区，如图 3-53 和图 3-54 所示。

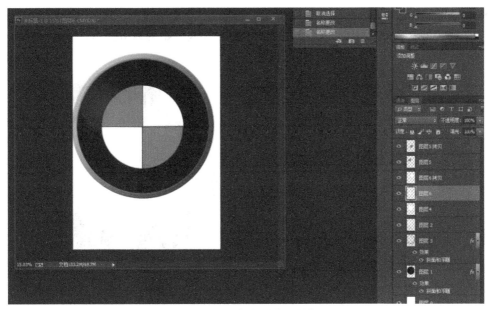

图 3-53　白色扇形选区制作

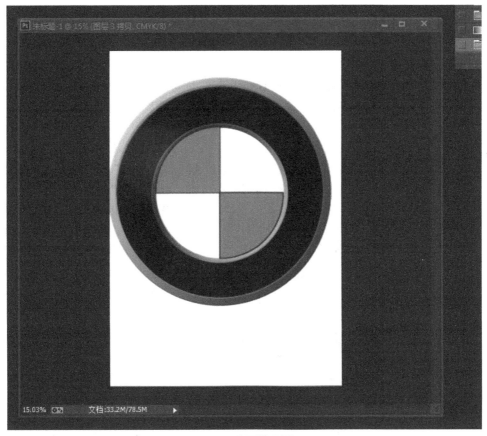

图 3-54　扇形效果展示

Step13 为"图层 5""图层 5 拷贝""图层 6""图层 6 拷贝"添加图层样式，并合并 4 个图层。按照前面的操作为合并后的"图层 5"做一个外接圆环选区，如图 3-55 所示。

Step 14 新建"图层6"，设置"前景色"为 #25292c，"背景色"为 #bbc9d4，选择"渐变工具"，从左上角向右下角拉出线性渐变，完成创作，最终效果如图 3-56 所示。

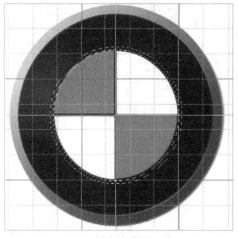

图 3-55　创建外接圆环选区

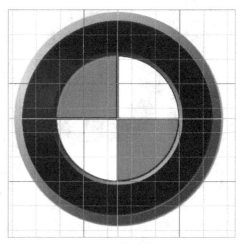

图 3-56　最终效果

经验指导

选区的编辑命令主要集中在"编辑"菜单中，下面依次说明。

（1）删除选区内容

执行"编辑">"清除"菜单命令（按 Delete 键），即可删除选区内容。注意若在"背景"图层上删除，会"透"出背景色；若在普通图层上删除，会"透"出透明区域。

（2）剪切、拷贝、粘贴

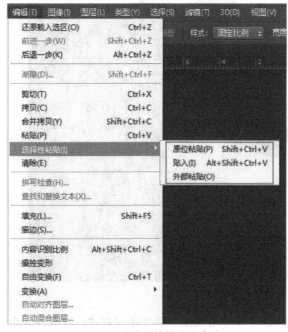

图 3-57　"选择性粘贴"命令

"剪切"（快捷键为 Ctrl+X 组合键）、"拷贝"（快捷键为 Ctrl+C 组合键）和"粘贴"（快捷键为 Ctrl+V 组合键）命令也可以用于移动和复制选区。执行"拷贝"命令，可以将当前图层选区内的图像放到剪贴板中，该操作对原图没有影响。执行"剪切"命令同样会将选区内的图像放到剪贴板，该区域中的内容会从原图中剪除，并以背景色（"背景"图层的图像）填充或变成透明区域（普通图层的图像）。

（3）选择性粘贴

"选择性粘贴"包含3个选项，分别为"原位粘贴"（快捷键为 Shift+Ctrl+V 组合键）、"贴入"（快捷键为 Alt+Shift+Ctrl+V 组合键）和"外部粘贴"，如图 3-57 所示。

- "原位粘贴"指的是在图层的原有位置再粘贴一次选区中的图像内容，并在"图层"面板新建新粘入的图层。
- "贴入"命令可将内容粘贴到指定区域，将指定区域作为存储的"临时通道"，并将它作为蒙版，复制的内容在这个蒙版中显示。
- "外部粘贴"命令与"贴入"命令相似，只不过蒙版以反白显示。

拓展训练

　　玻璃、水晶等半透明物品的抠取是抠图中的一大难点，对于此类商品对象的抠取，不仅需要抠出物体的整体轮廓，而且还需要将物体的透明质感表现出来。在后期处理时，需要先运用"钢笔工具"抠出商品对象，再通过通道对抠出的图像进行编辑，选出半透明的商品对象。

　　通道是编辑图像的基础，具有极强的可编辑性，运用通道抠图前，通常需要将通道中的图像进行复制操作，打开图像后，切换至"通道"面板，在"通道"面板中选择要复制的颜色通道，执行"编辑">"拷贝"菜单命令，或将要复制的通道拖到"创建新通道"按钮上，复制选中的通道中的图像，复制通道后，可以运用工具箱中的工具对通道中的图像进行编辑操作，即将需要保留的图像涂抹为白色，不需要保留的区域涂抹为黑色，从而完成抠图操作。

第4章
字体设计——Photoshop CC 文字编辑

知识目标	熟练掌握文字的创建与编辑方法，能够更改文字的大小、颜色、字体、样式等，了解文字图层的含义，熟练地为文字添加艺术效果。
能力目标	熟练掌握画笔预设、滤镜、图层样式等功能，并且能够合理应用上述功能为文字添加各种效果。
重点难点	重点：图层的混合模式。 难点：文字编辑与滤镜效果——水彩文字效果的制作。
参考学时	4.1　文字的创建与编辑——邮票的制作（1 课时） 4.2　文字编辑与图层样式——文字金属质感效果的制作（1 课时） 4.3　文字编辑与创意推广——文字气球质感效果的制作（1 课时） 4.4　文字编辑与滤镜效果——文字水彩质感效果的制作（2 课时） 4.5　文字主体海报设计——花卉文字效果的制作（1 课时）

4.1　文字的创建与编辑——邮票的制作

微课视频

任务目标

（1）利用画笔预设制作邮票锯齿。

（2）掌握设置文字的大小、样式、颜色的方法。

任务说明

本节通过邮票的制作介绍文字工具的基本应用。邮票锯齿边缘是通过调节画笔预设的间距实现的。

完成过程

Step 01 新建一个 3000 像素 ×1500 像素，"分辨率"为 150 像素／英寸的文档，导入邮票素材并调整位置，如图 4-1 所示。

图 4-1 新建文档并导入素材

Step 02 双击解锁"背景"图层,得到"图层 0"图层,选择"橡皮擦工具",设置"不透明度"为 100%,更改画笔预设,将"间距"调整为 148%,如图 4-2 所示。

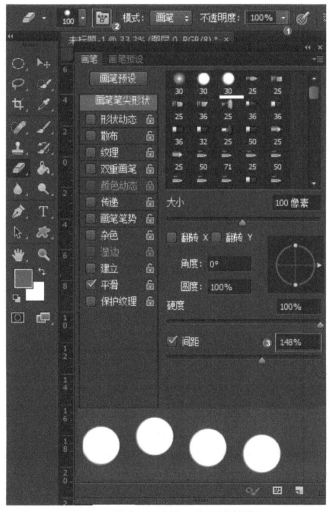

图 4-2 更改"橡皮擦工具"画笔预设

Step 03 选择"图层 0"，按住 Shift 键的同时按住鼠标左键拖动鼠标，在图像的 4 条边进行擦除，形成邮票的锯齿边缘，如图 4-3 所示。

图 4-3　擦出邮票锯齿边缘

Step 04 新建"图层 1"，并填充灰色（R 值为 119，G 值为 119，B 值为 119），将灰色图层置于底层，选择"图层 0"和"图层 1"进行缩放，为"图层 0"添加"投影"图层样式，设置"角度"为 162 度、"距离"为 13 像素、"扩展"为 9%、"大小"为 29 像素，如图 4-4 所示。

图 4-4　添加"投影"图层样式

Step 05 选择"横排文字工具"，添加邮票的文字信息，包括面值、发行年份等，如图 4-5 所示。

Step 06 完善细节，选择"图层 1"，按住 Ctrl 键的同时单击"图层 1"的缩略图，调出选区，执行"选择">"修改">"收缩"菜单命令，打开"收缩选区"对话框，设置"收缩量"为 15 像素，单击"确定"按钮关闭"收缩选区"对话框。执行"编辑">"描边"菜单命令，打开"描边"对话框，设置"宽度"为 5 像素，并且设置"颜色"（R 值为 236，G 值为 191，B 值为 56），单击"确定"按钮关闭"描边"对话框。邮票的最终效果如图 4-6 所示。

图 4-5　填加邮票的文字信息

图 4-6　邮票的最终效果

经验指导

"字符"面板提供了用于设置字符格式的选项，如图 4-7 所示。

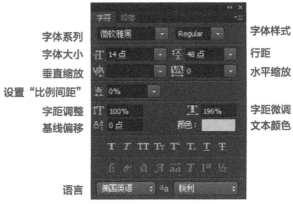

图 4-7　"字符"面板

4.2 文字编辑与图层样式——文字金属质感效果的制作

任务目标

（1）利用图层样式为文字添加效果。
（2）通过调整图层增强文字效果。

微课视频

任务说明

通过为文字添加图层样式实现文字的立体效果，再通过添加图层蒙版、"曲线"调整图层、"亮度/对比度"调整图层、"照片滤镜"调整图层，实现文字的金属质感效果。

完成过程

Step 01 新建 700 像素 ×440 像素、"背景内容"为白色的文档。然后新建"图层 1"，并将其填充为黑色，再添加"渐变叠加"图层样式，将渐变颜色条左侧的色标参数值设置为 #939191，渐变颜色条右侧的色标参数值设置为 #000000，如图 4-8 ～图 4-10 所示。

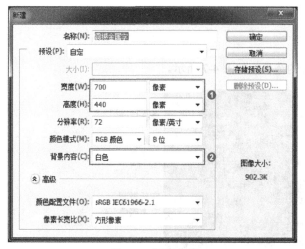

图 4-8　新建文档　　　　　　　　图 4-9　为"图层 1"添加"渐变叠加"样式

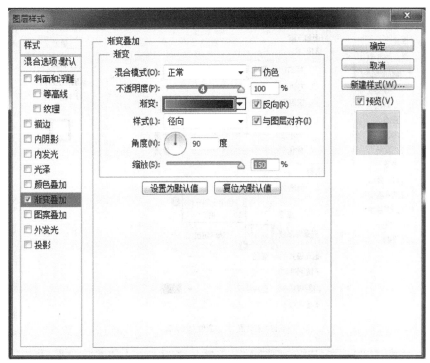

图 4-10　"渐变叠加"图层样式的参数设置（一）

Step 02 选择"横排文字工具"，输入文字，设置文字颜色为白色，设置"字体大小"为 125 点，"字体"为 Stencil Std，如图 4-11 所示。

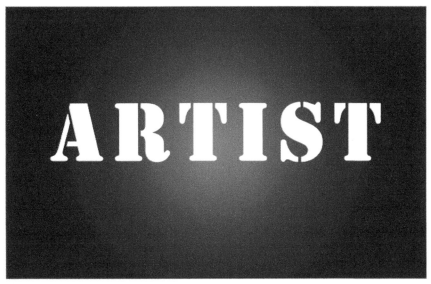

图 4-11　输入文字

Step 03 为文字制作立体效果，为文字图层添加"斜面和浮雕"图层样式，设置"样式"为"枕状浮雕"，"深度"为 1000%，"角度"为 0 度，取消勾选"使用全局光"复选框，设置"高度"设为 30 度，"光泽等高线"为"锥形"。再勾选左侧的"等高线"复选框，在右侧的选区中设置"等高线"为"环形 - 双"，设置"范围"为 100%，具体参数如图 4-12 和图 4-13 所示。

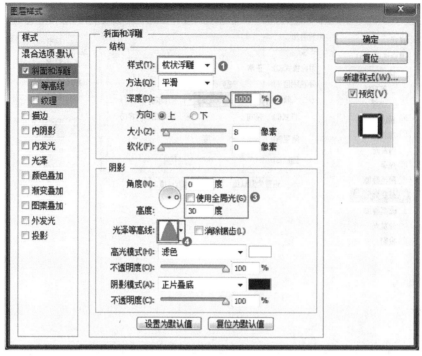

图 4-12 "斜面和浮雕"图层样式的参数设置

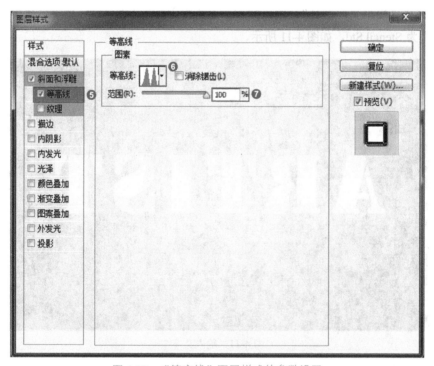

图 4-13 "等高线"图层样式的参数设置

Step 04 设置完成后单击"确定"按钮，关闭"图层样式"对话框，文字效果如图 4-14 所示。

图 4-14　添加图层样式后的文字效果

Step 05 再次新建图层，调出文字选区（按住 Ctrl 键的同时单击文字图层缩略图），然后执行"选择"＞"修改"＞"收缩"菜单命令，打开"收缩选区"对话框，设置"收缩量"为 5 像素，单击"确定"按钮关闭"收缩选区"对话框，将选区填充为黑色，如图 4-15 ～图 4-17 所示。

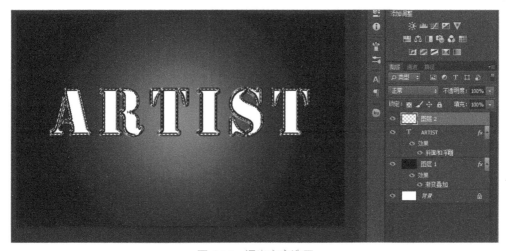

图 4-15　调出文字选区

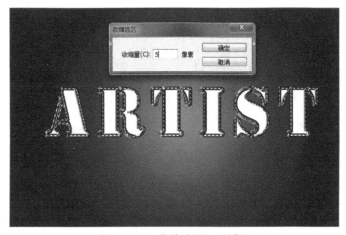

图 4-16　"收缩选区"对话框

图 4-17　将选区填充为黑色

Step 06 为当前图层添加"渐变叠加"图层样式，参数设置如图 4-18 所示。

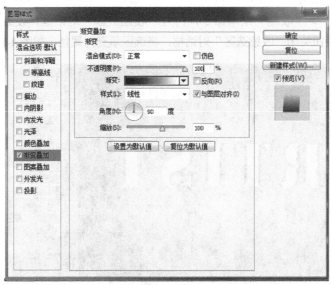

图 4-18　"渐变叠加"图层样式的参数设置（二）

Step 07 设置完成后单击"确定"按钮关闭"图层样式"对话框，文字效果如图 4-19 所示。

图 4-19　添加"渐变叠加"图层样式后的文字效果

Step 08 再次新建图层并调出文字选区，将选区填充为白色。添加图层蒙版，使用笔刷遮盖多余的部分，只保留底部，如图 4-20 和图 4-21 所示。

图 4-20　将文字选区填充为白色

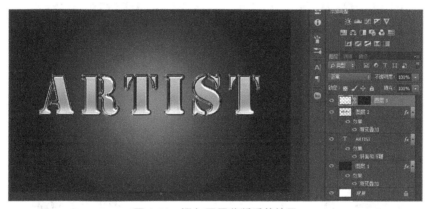

图 4-21　添加图层蒙版后的效果

Step 09 合并这 3 个文字图层（按 Ctrl+E 组合键），按 Ctrl+T 组合键，调出自由变换框并右击，在快捷菜单中选择"垂直翻转"选项，并将翻转后的文字移到原文字的下方。添加图层蒙版，应用黑白线性渐变，设置图层的"不透明度"为 30%，形成文字倒影效果，如图 4-22 所示。

图 4-22　文字倒影效果

Step 10 新建图层，将该图层置于倒影图层的下方，使用白色柔角笔刷涂抹。添加图层蒙版，应用黑白横向线性渐变，并设置图层的混合模式为"柔光"，如图 4-23 和图 4-24 所示。

图 4-23　涂抹后的效果

图 4-24　添加线性渐变后的效果

Step 11 增加对比度，添加"曲线"调整图层，适当增大对比度。再添加"亮度／对比度"调整图层，将"亮度"设置为 –15，"对比度"设置为 3，增加图像的对比度，如图 4-25 和图 4-26 所示。

图 4-25　添加"曲线"调整图层

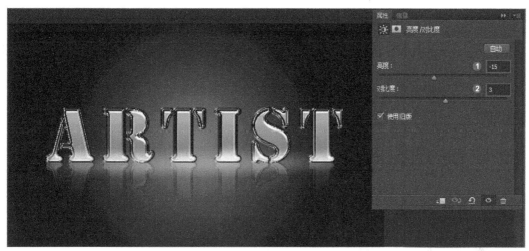

图 4-26　添加"亮度 / 对比度"调整图层

Step12 新建"照片滤镜"调整图层，在滤镜下拉列表中选择"冷却滤镜（82）"选项，将"浓度"设置为 7%，如图 4-27 所示。

Step13 至此，完成本案例的制作，最终效果如图 4-28 所示。

图 4-27　"照片滤镜"调整图层的参数设置　　　　　图 4-28　文字的金属质感效果

4.3　文字编辑与创意推广——文字气球质感效果的制作

微课视频

任务目标 ▬

（1）利用图层样式为文字添加效果。

（2）掌握将自定义图案添加至图案库的方法。

任务说明

通过为文字添加多种图层样式营造气球质感效果；将自定义图案添加至图案库，并将自定义图案应用于文字。

完成过程

Step 01 打开背景素材，解锁"背景"图层，得到"图层 0"图层，设置图层的混合模式为"柔光"，再新建"图层 1"图层，并将其置于底层，添加"渐变叠加"图层样式，将渐变颜色条左侧的色标参数值设置为 f8f8f8，渐变颜色条右侧的色标参数值设置为 6a6a6a，如图 4-29 所示。

图 4-29　设置"渐变叠加"图层样式

Step 02 选择"横排文字工具"，将"字体颜色"设置为白色，输入文字"新年快乐"，得到"新年快乐"图层建议选择圆润的字体，会更符合气球质感。复制"新年快乐"图层，得到"新年快乐　拷贝"图层，并把"新年快乐 拷贝"图层的"填充"设置为 0%，如图 4-30 所示。

图 4-30　文字图层设置

Step 03 选择"新年快乐"图层，添加"斜面和浮雕"图层样式，将"方法"设置为"雕刻清晰"，"深度"设置为 200%，"大小"设置为 15 像素，"角度"设置为 40 度，"高度"设置为50 度，"光泽等高线"设置为"凹槽 - 低"，并勾选"消除锯齿"复选框，将"高光模式"设置为"线性光"，"阴影模式"设置为"滤色"，颜色参数值设置为 878787，"不透明度"设置为70%，如图 4-31 所示。

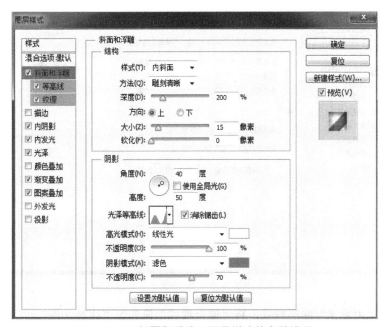

图 4-31　"斜面和浮雕"图层样式的参数设置

Step 04 在"等高线"图层样式中设置"等高线"为"对数"，并勾选"消除锯齿"复选框。在"纹理"图层样式中设置"图案"为"灰色条纹"，如图 4-32 所示。

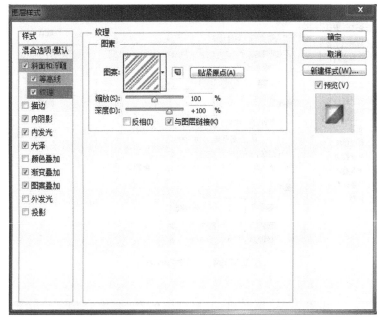

图 4-32　"纹理"图层样式的参数设置

Step 05 添加"内阴影"图层样式，将"混合模式"设置为"颜色减淡"，"不透明度"设置为 40%，"角度"设置为 −106 度，"距离"设置为 5 像素，"大小"设置为 5 像素，如图 4-33 所示。

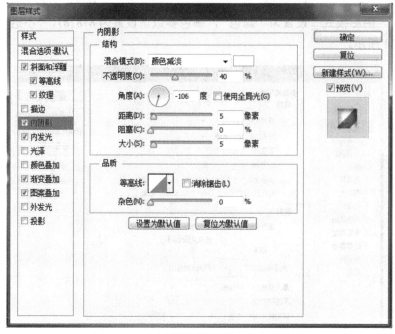

图 4-33　"内阴影"图层样式的参数设置

Step 06 添加"内发光"图层样式，将"混合模式"设置为"线性加深"，"不透明度"设置为 61%，渐变颜色条左侧的色标参数值设置为 391c21，渐变颜色条右侧的色标参数值设置为 f7efed，"大小"设置为 12 像素，如图 4-34 所示。

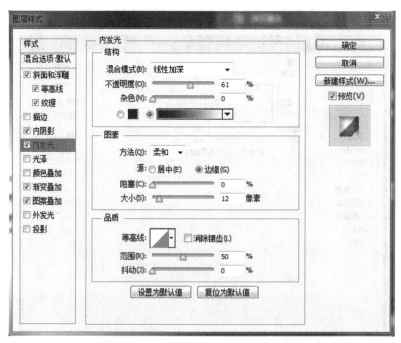

图 4-34　"内发光"图层样式的参数设置

Step 07 添加"渐变叠加"图层样式，将"混合模式"设置为"正片叠底"，"不透明度"设置为 35%，渐变颜色条左侧的色标参数值设置为 ffffff，渐变颜色条右侧的色标参数值设置为 12c3c3，"样式"设置为"径向"，"缩放"设置为 150%，如图 4-35 所示。

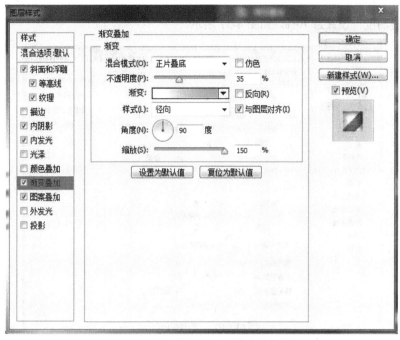

图 4-35　"渐变叠加"图层样式的参数设置

Step 08 添加"图案叠加"图层样式，将"混合模式"设置为正常，"不透明度"设置为 100%，"图案"设置为"紫色条纹"，"缩放"设置为 8%，如图 4-36 所示。

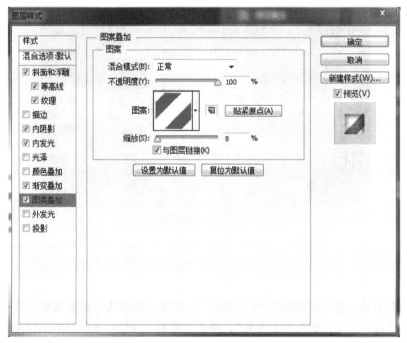

图 4-36　"图案叠加"图层样式的参数设置

Step 09 为文字添加高光效果，选择"新年快乐 拷贝"图层，添加"斜面和浮雕"图层样式，将"样式"设置为"内斜面"，"方法"设置为"雕刻清晰"，"深度"设置为100%，选中"上"单选按钮，"大小"设置为20像素，"角度"设置为59度，"光泽等高线"设置为"线性"，"高光模式"设置为"线性光"，"阴影模式"设置为"滤色"，颜色参数值设置为878787，"不透明度"设置为70%，如图4-37所示。

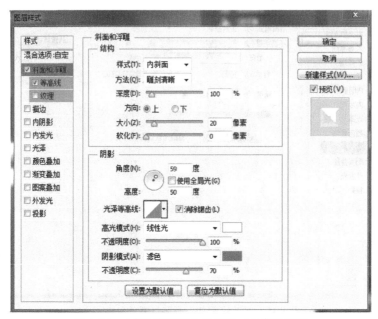

图4-37 "斜面和浮雕"图层样式的参数设置

Step 10 在"等高线"图层样式中，设置"等高线"为"半圆"，单击"确定"按钮，完成设计后，最终效果如图4-38所示。

图4-38 文字气球质感效果

经验指导

载入图案的方法：执行"编辑"＞"预设"＞"预设管理器"菜单命令，打开"预设管理器"对话框，设置"预设类型"为"图案"，单击"设置"按钮，在展开的下拉菜单中选择相应的选项，可以载入 Photoshop 自带的图案，如图4-39所示。

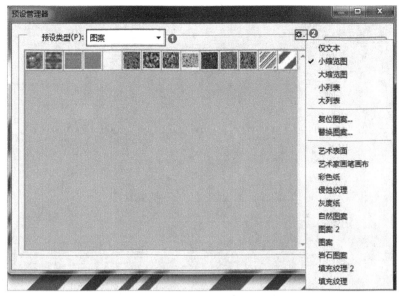

图 4-39　"预设管理器"对话框

　　另外，还可以载入定义图案，打开预设图案文件（在没有选区的情况下，将文件全部视为图案；在有选区的情况下，以选区内容为图案），执行"编辑">"定义图案"菜单命令，打开"图案名称"对话框，单击"确定"按钮，即可载入图案，如图 4-40 所示。

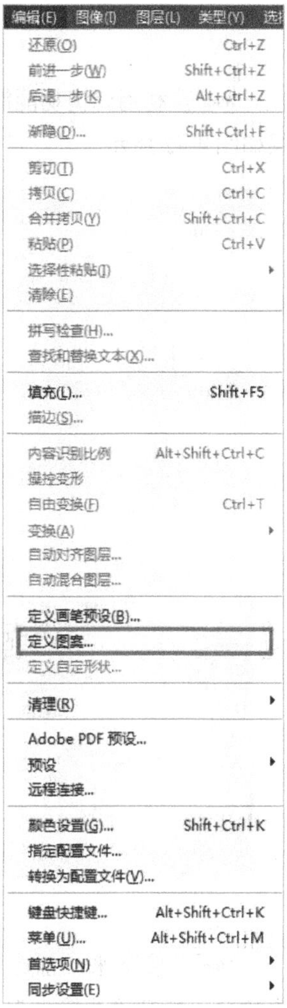

4.4　文字编辑与滤镜效果——文字水彩质感效果的制作

微课视频

任务目标

　　（1）掌握智能滤镜的使用方法。
　　（2）掌握剪切图层的使用方法。

任务说明

　　通过智能滤镜、图层样式的综合运用制作文字水彩质感效果，并通过剪切图层、更改画笔预设使效果更加逼真。

完成过程

　　Step 01 打开帆布纹理素材，新建一个图层并填充颜色，颜色参数值为 #d63965，修改图层名称为"水彩"，右击"水彩"图层，在弹出的快捷菜单中选择"转换为智能对象"选项，然后将背景色还原为白色，如图 4-41 所示。

图 4-40　载入定义图案

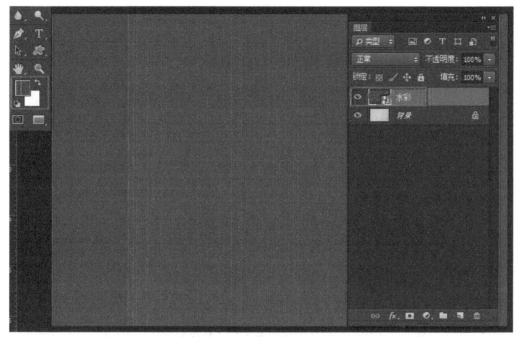

图 4-41　对"水彩"图层进行操作

Step 02 利用滤镜功能制作水彩质感效果，执行"滤镜" > "渲染" > "云彩"菜单命令，效果如图 4-42 所示。

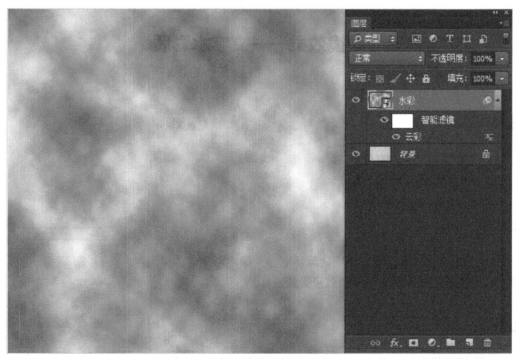

图 4-42　渲染云彩后的效果

Step 03 接下来，创建"水彩"图层所需的一系列智能滤镜。执行"滤镜" > "滤镜库"菜单命令，打开"滤镜库"对话框，在对话框的右侧选区中选择"画笔描边" > "喷色描边"选

项，设置"描边长度"为 12，"喷色半径"为 7，"描边方向"为"右对角线"。创建新的滤镜前
先单击右下角的"新建效果图层"按钮，然后选择"画笔描边" > "喷溅"选项，设置"喷色
半径"为 10，"平滑度"为 5；选择"艺术效果" > "干画笔"选项，设置"画笔大小"为 2，
"画笔细节"为 8，"纹理"为 1；选择"艺术效果" > "底纹效果"选项，设置"画笔大小"
为 40，"纹理覆盖"为 40，"纹理"为"画布"，"缩放"为 100%，"凸现"为 4，"光照"为
"上"；选择"艺术效果" > "干画笔"选项，设置"画布大小"为 10，"画布细节"为 10，
"纹理"为 1，单击"确定"按钮，完成智能滤镜的设置，如图 4-43 所示。

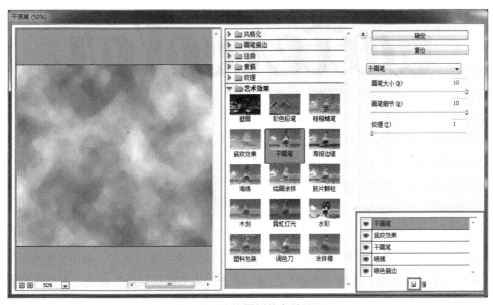

图 4-43　滤镜面板的参数设置

Step 04 接下来，通过增加图像边缘的对比度来锐化图像，执行"滤镜" > "锐化" > "USM
锐化"菜单命令，打开"USM 锐化"对话框，设置"数量"为 55%，"半径"为 5 像素，"阈
值"为 0 色阶，设置完成后单击"确定"按钮，如图 4-44 所示。

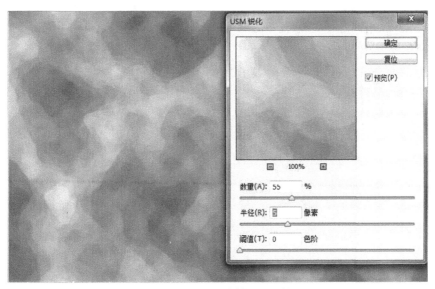

图 4-44　"USM 锐化"对话框

Step 05 选择"横排文字工具"，输入文字"watercolor"，设置"字体大小"为 50 点，"颜色"为黑色，如图 4-45 所示。

图 4-45　输入文字"watercolor"

Step 06 按住 Ctrl 键的同时单击文字图层的缩览图，调出文字图层选区，单击文字图层的眼睛图标，关闭文字图层预览。选择"水彩"图层，单击"添加图层蒙版"按钮，创建图层蒙版，如图 4-46 所示。

图 4-46　创建"水彩"图层的图层蒙版

Step07 接下来，利用"画笔工具"优化文字效果。选择"画笔工具"，打开画笔预设，选择
23 号画笔，将画笔笔尖形状的"大小"设置为 10 像素，"间距"设置为 1%；将"形状动态"
的"大小抖动"为 100%，"角度抖动"设置为 100%，"控制"设置为"初始方向"；将"散
步"的"散步"设置为 50%，"数量"设置为 3；勾选左侧列表中的"传递"复选框，完成画笔
设置，如图 4-47 ～图 4-49 所示。

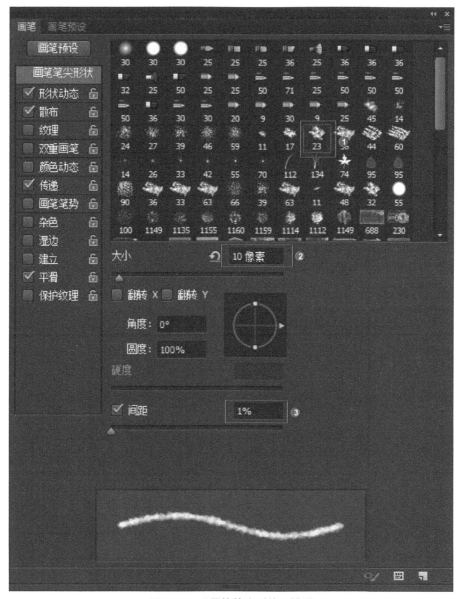

图 4-47　"画笔笔尖形状"设置

Step08 右击文字图层，在弹出的快捷键菜单中选择"创建工作路径"选项。切换到"水彩"
图层，选择"直接选择工具"（快捷键为 A 键），单击选项栏中的"路径操作"按钮，在下拉菜
单中选择"合并形状组件"选项，将形状合并到一起，如图 4-50 所示。

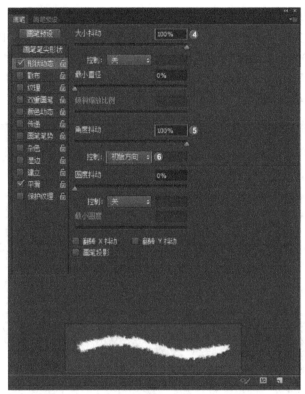

图 4-48　"形状动态"设置

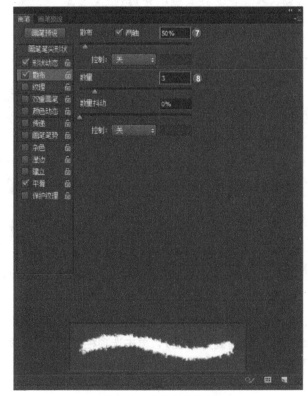

图 4-49　"散步"设置

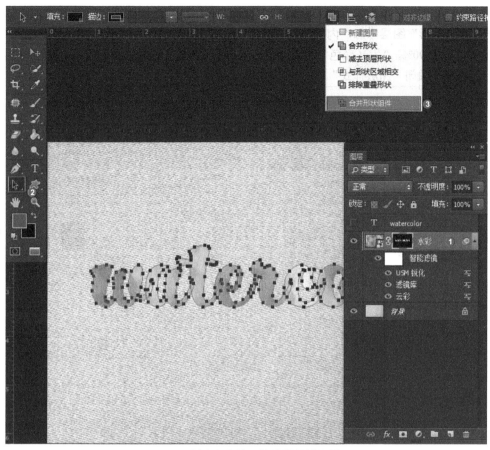

图 4-50　创建文字的工作路径并进行设置

Step 09 选择 "画笔工具"，设置 "前景色" 为白色，单击 "路径" 面板中的 "用画笔描边路径" 按钮，单击工作路径下方的空白处，取消工作路径的显示，如图 4-51 所示。

图 4-51　单击 "用画笔描边路径" 按钮

Step 10 让水彩质感效果更加逼真。选择"水彩"图层，将图层的混合模式设置为"线性加深"，再给"水彩"图层添加"内发光"图层样式，将"混合模式"设置为"线性加深"，"不透明度"设置为 90%，"发光颜色"设置为 CCCCCC，"大小"设置为 5 像素，设置完成后单击"确定"按钮，关闭"图层样式"对话框，如图 4-52 所示。

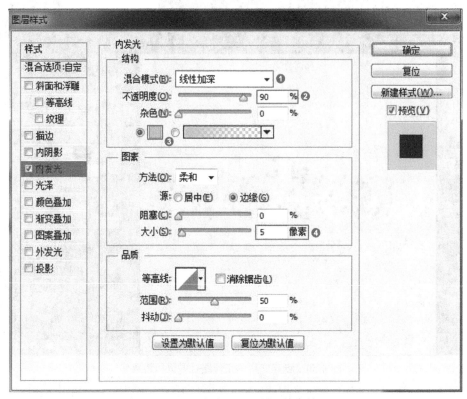

图 4-52　"内发光"图层样式的参数设置

Step 11 添加"色相/饱和度"调整图层，设置"饱和度"为 -100，并将该图层剪切并粘贴到"水彩"图层，如图 4-53 所示。

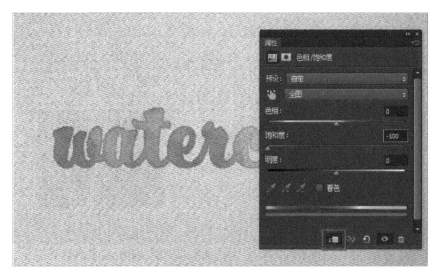

图 4-53　"色相/饱和度"调整图层的参数设置

Step 12 新建一个图层，将该图层命名为"颜色"，更改图层的混合模式为"颜色加深"。将"颜色"图层剪切并粘贴到"水彩"图层（将光标定位到"颜色"图层下方，按 Alt 键并单击），然后选择一个硬度低的柔边笔刷添加颜色，完成文字水彩质感效果的制作，如图 4-54 所示。

图 4-54　文字水彩质感效果

4.5 文字主体海报设计——花卉文字效果的制作

微课视频

任务目标

（1）掌握为文字图层添加图层蒙版的方法。
（2）掌握为对象添加阴影的方法。

任务说明

通过图层蒙版、图层样式的综合运用制作花卉文字，并用画笔配合图层蒙版使文字融入花卉，最后通过添加阴影图层和阴影图层样式使花卉文字更加逼真。

完成过程

Step 01 打开花卉素材，新建文字图层，设置文字颜色为白色，输入文字"花卉"，设置字体为"黑体"，设置"字体大小"为 400 点，如图 4-55 所示。

图 4-55　输入文字"花卉"

Step 02 给文字图层添加图层蒙版，设置"前景色"为黑色，设置"背景色"为白色，适当降低图层的"不透明度"，选择"画笔工具"绘制蒙版，让文字与花产生遮挡关系，如图 4-56 所示。

图 4-56　为文字图层添加图层蒙版

Step 03 接下来，创建阴影。解锁"背景"图层，复制该图层将其置于顶层，调用文字图层的蒙版选区为该图层添加图层蒙版。再次新建图层，调用文字图层蒙版，并将其中的选区填充为黑色，执行"滤镜"＞"模糊"＞"高斯模糊"菜单命令，打开"高斯模糊"对话框，设置"半径"为 9 像素，单击"确定"按钮关闭对话框，移动"阴影"图层的位置，并将图层的"不透明度"调整为 40%，如图 4-57 所示。

图 4-57　创建阴影

Step 04 选择"图层 0"，使用"魔棒工具"选择白色背景，按 **Ctrl+Shift+I** 组合键反选选区，为图层添加图层蒙版，隐藏白色背景，如图 4-58 所示。

图 4-58　隐藏白色背景

Step 05 新建图层，将图层填充为白色并将其置于底层，添加"渐变叠加"图层样式，将"混合模式"设置为"正常"，勾选"仿色"复选框，将"样式"设置为"径向"，"缩放"设置为 150%，渐变颜色条左侧的色标参数值设置为 ffffff，渐变颜色条右侧的色标参数值设置为 4f9994，如图 4-59 所示。

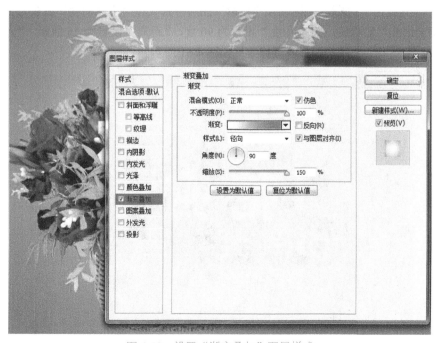

图 4-59　设置"渐变叠加"图层样式

Step 06 新建图层"花阴影"，调用"图层 0"蒙版选区并将其填充为黑色，添加"渐变叠加"图层样式（勾选"仿色"复选框，将渐变颜色条左侧色标的参数值设置为 f7f7f7，渐变颜色条右侧色标的参数值设置为 555555，"样式"设置为"径向"，"缩放"设置为 150%）；然后将其转换为智能对象，将图层的混合模式设置为"线性加深"，"不透明度"设置为 68%；再执行"滤镜" > "模糊" > "高斯模糊"菜单命令，设置"半径"为 25 像素；最后使用"自由变换"命令调整位置，添加花卉阴影后的效果如图 4-60 所示。

图 4-60   添加花卉阴影后的效果

Step 07 为文字图层增加阴影效果，先添加"内阴影"图层样式（将"不透明度"设置为 23%，"大小"设置为 10 像素），再添加"投影"图层样式（将"不透明度"设置为 35%，取消勾选"使用全局光"复选框，将"角度"设置为 90 度，"距离"设置为 25 像素，"大小"设置为 60 像素），完成花卉文字的制作，最终效果如图 4-61 所示。

图 4-61   花卉文字的最终效果

第5章
绚丽多彩——Photoshop CC 图像色彩调整

知识目标	熟练掌握图像调整中设置滤镜、图层样式的方法，以便对图形图像进行编辑处理，并能够合理运用图层的混合模式实现所需的效果。
能力目标	理解图像调整中滤镜的作用，理解图层的混合模式、图层样式、调整图层的工作原理，并且能够合理使用操作命令对图像进行调整。
重点难点	重点：Camera Raw 滤镜调整技巧。 难点：唯美校园——穿越二次元效果的制作。
参考学时	5.1　色彩活力——黑白照片着色效果的制作（1 课时） 5.2　唯美校园——二次元效果的制作（1 课时） 5.3　网络流行——图像故障效果（抖音风格）的制作（1 课时） 5.4　国风特色——工笔风格人像效果的制作（1 课时）

5.1 色彩活力——黑白照片着色效果的制作

微课视频

任务目标

（1）掌握在图像中消除杂色的方法。

（2）理解"柔光"混合模式的意义。

任务说明

为黑白照片着色，能够展现色彩的魅力。黑白照片往往年代久远，因此首先要清除正面的杂色，然后增加黑白对比效果，最后利用"画笔工具"对黑白照片进行着色处理。

完成过程

Step 01 打开黑白照片素材，执行"滤镜">"杂色">"减少杂色"菜单命令，此项操作可以在保持图像清晰度的情况下消除杂色，"减少杂色"的参数设置如图 5-1 所示。

Step 02 增加图像层次，在"图层"面板单击"创建新的填充或调整图层"按钮，在展开的菜单中选择"色阶"命令，新建"色阶"调整图层，参数设置如图 5-2 所示。

图 5-1　"减少杂色"的参数设置　　　　图 5-2　"色阶"的参数设置

Step 03 新建图层"衣服"，将图层的混合模式设置为"叠加"，选择"画笔工具"，先给牛仔外衣填色（颜色的参数值为 5173e3），再给背包填色（颜色的参数值为 7c581f），填色后的效果如图 5-3 所示。

Step 04 新建图层"皮肤"，将图层的混合模式设置为"叠加"，使用"画笔工具"填充皮肤颜色（颜色的参数值为 d7b2b2）和嘴唇颜色（颜色的参数值为 904548），填色后的效果如图 5-4 所示。

Step 05 新建图层"背景"，将图层的混合模式设置为"柔光"，为木门填充颜色（颜色的参数值为 69472e），照片上色完成，最终效果如图 5-5 所示。

图 5-3　衣服填充颜色后的效果　　图 5-4　皮肤填充颜色后的效果　　图 5-5　黑白照片填色后的最终效果

经验指导

　　"柔光"图层混合模式会使颜色变暗或变亮，具体效果取决于混合色。"柔光"效果类似发散的聚光灯照在图像上，如果混合色（光源）比 50% 灰色亮，则图像变亮，就像被减淡了一样；如果混合色（光源）比 50% 灰色暗，则图像变暗，就像被加深了一样。使用黑色或白色上色，可以产生明显变暗或变亮的区域，但不能生成黑色或白色。

5.2 唯美校园——二次元效果的制作

微课视频

任务目标

（1）掌握在滤镜中增加画笔笔触的方法。

（2）掌握 Camera Raw 滤镜的使用技巧。

任务说明

二次元效果指的是二维动画效果，本节通过对校园场景的照片进行艺术化处理，达到模拟手绘的效果，最后添加二次元云朵素材，以实现唯美校园的二次元效果场景。

完成过程

Step01 打开二次元素材即校园场景照片，选择"裁剪工具"，设置裁剪比例为 16 : 9，按 Enter 键，如图 5-6 所示。

图 5-6　对照片进行裁剪

Step02 执行"滤镜"＞"滤镜库"＞"艺术效果"＞"干画笔"菜单命令，设置"画笔大小"为 0，"画笔细节"为 10，"纹理"为 1，设置完成后单击"确定"按钮关闭对话框，如图 5-7 所示。

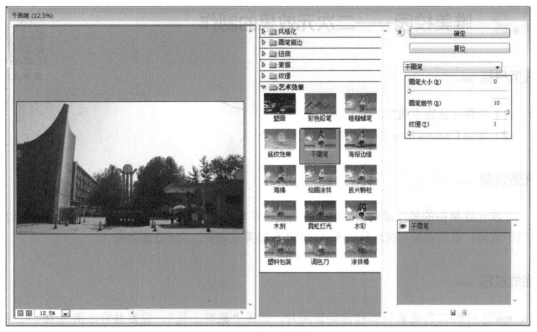

图 5-7 "干画笔"滤镜的参数设置

Step 03 执行"滤镜">"油画"菜单命令，设置画笔"描边样式"为 0.2，"描边清洁度"为 3，"缩放"为 6，"硬毛刷细节"为 0，光照"角方向"和"闪亮"均为 0，设置完成后单击"确定"按钮关闭对话框，如图 5-8 所示。

图 5-8 "油画"滤镜的参数设置

Step 04 执行"滤镜">"Camera Raw 滤镜"菜单命令，打开"Camera Raw"对话框，在"基本"选区中将"曝光"增加至 +1.1，"对比度"降低为 –32，"高光"增加至 +48，"阴影"和"黑色"增加至 +100，"清晰度"增加至 +79，"自然饱和度"增加至 +73，如图 5-9 所示。

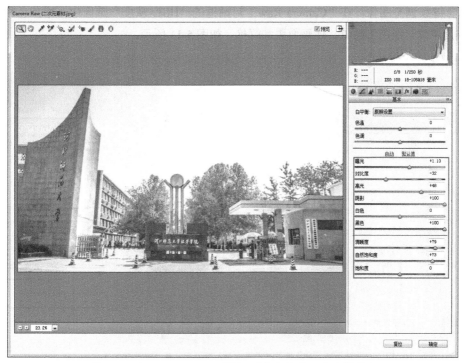

图 5-9　"Camera Raw"对话框"基本"选区的参数设置

Step 05 在 "Camera Raw" 对话框的 "细节" 选区中，将 "锐化" 的 "数量" 调整为 150，"蒙版" 调整为 27，在调整 "蒙版" 的参数时按 **Alt** 键，当轮廓线最明显时数值最佳，如图 5-10 所示。

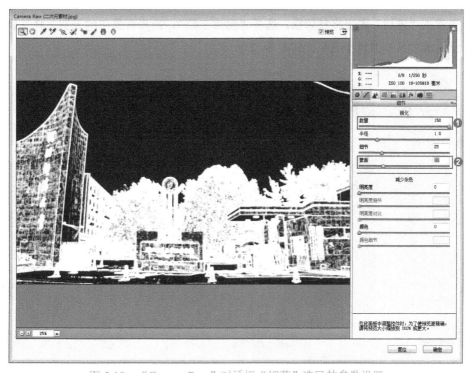

图 5-10　"Camera Raw"对话框"细节"选区的参数设置

Step 06 继续调整图像，在"Camera Raw"对话框的"HSL/灰度"选区中，增加色相、饱和度、明亮度中的"绿色"数值，使画面更加鲜艳，如图 5-11 所示。

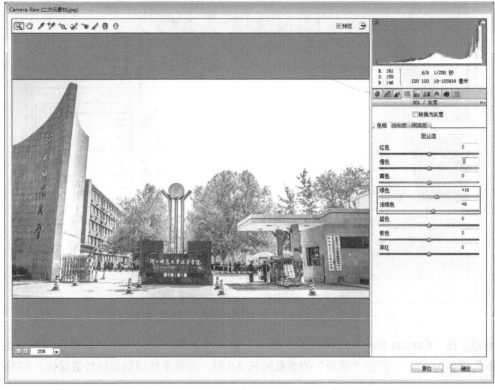

图 5-11　"Camera Raw"对话框"HSL/灰度"选区的参数设置

Step 07 双击"素材"图层将其解锁，选择"魔棒工具"，选择背景中的天空并将其删除，导入二次元云朵素材并将其置于底层，如图 5-12 所示。

图 5-12　添加云朵素材后的效果

Step 08 执行"滤镜">"渲染">"镜头光晕"菜单命令，打开"镜头光晕"对话框，选中"50-300毫米变焦"单选按钮，单击"确定"按钮关闭对话框，增加画面中的光感，完成制作，最终效果如图 5-13 所示。

图 5-13　唯美校园的二次元效果

5.3　网络流行——图像故障效果（抖音风格）的制作

微课视频

任务目标

（1）掌握失去红色通道模拟图像故障的方法。
（2）掌握盖印图像的方法。

任务说明

图像故障原本是指在图像保存过程中因软件或硬件损坏，导致图像色彩产生偏差的现象。在网络化时代，以抖音为主的短视频平台将此效果推成主流，通过红蓝图层的叠加、关闭红色通道、图像位置偏移等，模拟出当下流行的图像故障效果。

完成过程

Step 01 打开图像故障素材，新建一个空白图层"图层 1"，选择"渐变工具"，填充红蓝渐变颜色（蓝色的参数值为 3018dc，红色的参数值为 d91412），如图 5-14 所示。

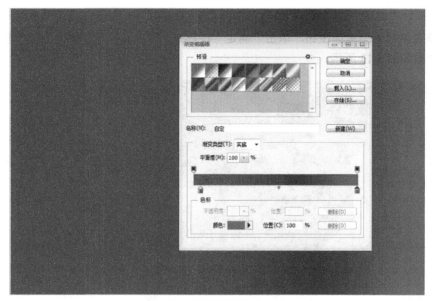

图 5-14　填充红蓝渐变颜色

Step 02 将 "图层 1" 图层的混合模式设置为 "叠加"，然后盖印当前图像（快捷键为 Ctrl+Shift+Alt+E 组合键），盖印后生成 "图层 2" 图层，如图 5-15 所示。

图 5-15　盖印图像后的效果

Step 03 复制 "图层 2"，图层得到 "图层 2 拷贝" 图层，为 "图层 2 拷贝" 图层添加图层样式，取消 "红色（R）通道" 复选框的选中状态，单击 "确定" 按钮关闭对话框，如图 5-16 所示。

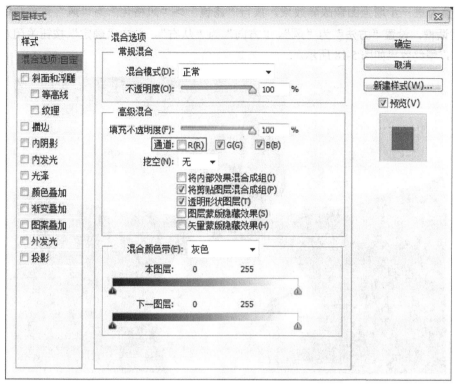

图 5-16　"图层样式"对话框

Step 04 选中"图层 2 拷贝"图层，执行"自由变换"命令（快捷键为 Ctrl+T 组合键），使用键盘上的方向键向左移动 8 个像素，按 Enter 键得到图像偏移效果，如图 5-17 所示。

图 5-17　图像偏移效果

Step 05 为进一步增强图像故障效果，执行"滤镜"＞"风格化"＞"风"菜单命令，打开"风"对话框，设置"方法"为"风"，"方向"为"从右"，单击"确定"按钮关闭对话框，完成制作，最终效果如图 5-18 所示。

图 5-18　图像故障效果

经验指导

最终确定图层的内容后，可以合并图层以缩减图像文件的大小。存储合并图层的文档后，文档将不能恢复到图层未合并时的状态，其原因为图层的合并是永久行为。若不想合并图层，可以使用盖印图像功能，盖印图像可以将多个图层的内容合并为一个目标图层，同时使其他图层保持完好。

5.4　国风特色——工笔风格人像效果的制作

微课视频

任务目标 ——

（1）掌握通过添加图层样式增加画面纹理的方法。
（2）掌握"滤色"和"柔光"图层混合模式的工作原理和使用方法。

任务说明 ——

工笔风格的图像近年来比较流行，其基本制作流程大致分为三步：首先，模拟绢本设色效果；然后，使用图层样式中的"纹理"效果为图像添加布面纹理；最后，通过调色实现工笔风格的图像。

完成过程

Step 01 打开国画工笔人像素材，新建图层并填充复古色（R 值为 157，G 值为 137，B 值为 105），将图层的混合模式设置为"正片叠底"，效果如图 5-19 所示。

Step 02 目前，图像的色调整体偏暗，需要适当调整图像的色调。复制"图层 1"得到"图层 1 拷贝"图层，将图层的混合模式设置为"滤色"，图层的"不透明度"设置为 33%，如图 5-20 所示。

图 5-19　为图像填充复古色　　　　　　　　　图 5-20　图像调整色调后的效果

Step 03 为图像添加布面纹理，为"图层 1 拷贝"图层添加"斜面和浮雕"图层样式，勾选"纹理"复选框，在"纹理"选区中设置"图案"为"缎面织物"，将"缩放"设置为 45%，"深度"设置为 110%，设置完成后单击"确定"按钮关闭对话框，如图 5-21 所示。

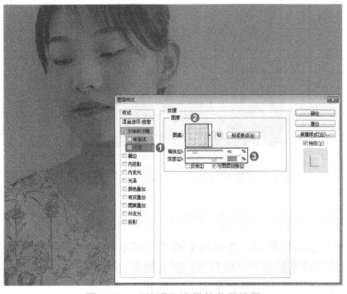

图 5-21　"纹理"选区的参数设置

Step 04 继续调亮图像，新建"选取颜色"调整图层，参数保持不变，将图层的混合模式设置为"柔光"，复制当前的调整图层，将"不透明度"降低到 45%，如图 5-22 所示。

Step 05 单击"背景"图层，新建"色相/饱和度"调整图层，将"饱和度"降低到 –50，使得整个画面更符合工笔风格色调，如图 5-23 所示。

图 5-22　图像调亮后的效果

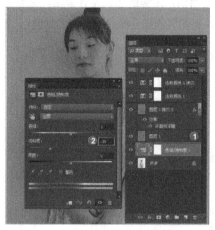
图 5-23　降低饱和度后的效果

Step 06 导入工笔画框素材，进行适当调整，工笔风格人像效果如图 5-24 所示。

图 5-24　工笔风格人像效果

经验指导

　　"滤色"混合模式的工作原理：查看每个通道的颜色信息，将混合色的互补色与基色进行正片叠底，结果色总是较亮的颜色。使用黑色过滤时颜色保持不变，使用白色过滤时将产生白色，此效果类似多张幻灯片叠加投影。

第6章
动图设计——Photoshop CC 动画与视频创作

知识目标	掌握"动作"面板和"时间轴"面板的设置方法。通过"动作"面板可以实现批处理功能，尤其是在处理 TGA 序列图片时，能大大减少工作量；通过"时间轴"面板能够制作在网站和其他媒体平台上运用的 GIF 动画，从而丰富视觉效果。
能力目标	能够运用 Photoshop CC 制作 GIF 动画，并将其发布到互联网。对批量化处理的文件制作所需的动作命令，提高工作效率。
重点难点	重点：动作和批处理设置。 难点：连贯艺术——GIF 动画实例。
参考学时	6.1 记忆动画——"动作"面板解析（1 课时） 6.2 编辑时间——时间轴的学习（2 课时） 6.3 连贯艺术——GIF 动画实例（2 课时） 6.4 视觉感知——动态海报的设计与制作（2 课时）

6.1 记忆动画——"动作"面板解析

微课视频

任务目标

（1）掌握"动作"面板的使用方法。

（2）掌握批处理功能的应用。

任务说明

Photoshop CC 中的"动作"是指用一个动作代替许多步操作，使执行任务自动化，从而为图像处理带来极大的便利。同时，用户还可以通过记录并保存一系列的操作来创建和使用动作，以便日后可以直接从"动作"面板中进行调用。例如，批量转换格式就是先将一张图片的格式转换过程利用"动作"面板记录下来，然后利用该动作批量处理其他图片，从而简化操作。

完成过程

1. "动作"面板

运行 Photoshop CC，执行"窗口">"动作"菜单命令，即可调出"动作"面板，也可以按 Alt+F9 组合键调出"动作"面板。单击"动作"面板右上角的"展开面板"按钮，即可查看

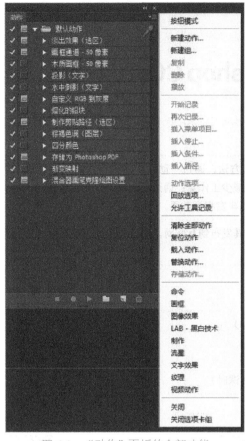

图 6-1　"动作"面板的全部功能

"动作"面板的全部功能，用户既可以使用默认动作组，也可以新建动作组。单击右上角的下拉按钮，可以展开面板选项下拉菜单，其中包含各种操作命令。面板下方的按钮从左到右依次为"停止播放 / 记录"按钮、"开始记录"按钮、"播放选定的动作"按钮、"创建新组"按钮、"创建新动作"按钮、"删除"按钮，如图 6-1 所示。

- 动作组：类似文件夹，用来组织一个或多个动作。
- 动作：一般以比较容易记忆的名字命名，单击名字左侧的小三角可以展开该动作。
- 动作步骤：动作中每一个单独的操作步骤，展开后会出现相应的参数细节。
- 复选标记：黑色对钩代表该组、该动作或该步骤可用，红色对钩代表不可用。
- 动画模式控制图标：如果该图标为黑色，那么在每个启动的对话框或者对应一个按 Enter 键选择的步骤中都包括一个暂停节点；如果该图标为红色，则代表这里至少有一个暂停节点等待输入的步骤。
- 面板选项菜单：包含与动作相关的多个菜单项，提供更丰富的设置内容。
- "停止播放 / 记录"按钮：单击该按钮后停止播放或开始播放。
- "开始记录"按钮：单击该按钮即可开始记录，红色凹陷状态表示记录正在进行中。
- "播放选定的动作"按钮：单击该按钮即可运行选中的动作。
- "创建新组"按钮：单击该按钮创建一个新组，用来组织单个或多个动作。
- "创建新动作"按钮：单击该按钮创建一个新动作的名称、快捷键等，并且同样具有记录功能。
- "删除"按钮：删除一个或多个动作或组。

如果在"动作"面板的选项下拉菜单中选择"按钮模式"选项，则可以将每个动作以按钮的状态显示，这样可以在有限的空间中列出更多的动作，以简单明了的方式呈现，如图 6-2 所示。

图 6-2　"动作"面板的按钮模式

在选项下拉菜单中选择"回放选项"选项，打开"回放选项"对话框，该对话框包含执行动作的三种方式："加速"，表示正常执行，用户看不到每一步操作的结果；"逐步"，将显示每一步操作的结果；"暂停"，可以设置每个步骤之间的间隔时间，如图 6-3 所示。

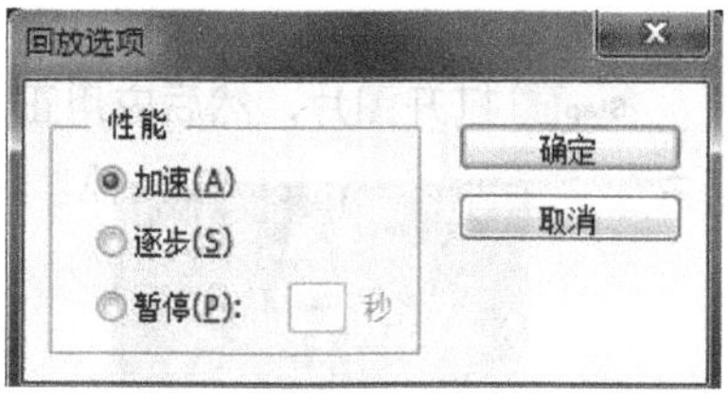

图 6-3　"回放选项"对话框

2. 存储动作和安装动作库

用户可以对动作进行备份，动作的默认存储路径为 Adobe\Adobe Photoshop CC\Presets\Actions，如图 6-4 所示。

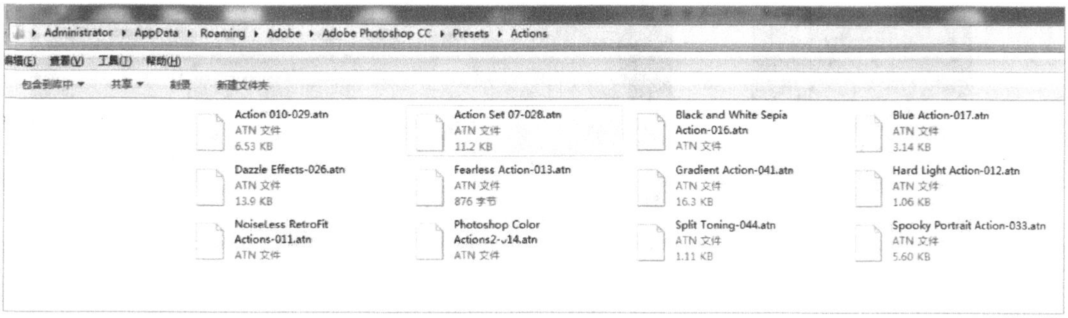

图 6-4　动作的默认存储位置

如果重新安装 Photoshop CC 且希望使用备份的动作，则必须安装动作库，这样动作才能继续使用。安装动作库的具体操作步骤如下。

Step 01 打开"动作"面板的选项下拉菜单，选择"载入动作"选项，如图 6-5 所示。

Step 02 打开"载入"对话框，找到预先准备的动作命令文件，动作命令文件为 atn 格式。下面以"反转负冲"动作为例进行讲解，如图 6-6 所示。

图 6-5　选择"载入动作"选项

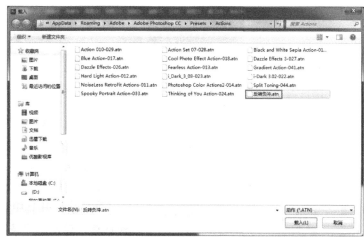

图 6-6　载入"反转负冲"动作

Step 03 单击"载入"按钮，就可以在"动作"面板中看到刚刚载入的动作，如图 6-7 所示。

Step 04 打开图片，然后应用正片负冲效果动作，如图 6-8 所示。

图 6-7 "动作"面板显示载入了"正　　　　　图 6-8 打开图片并应用正片负冲效果动作
片负冲效果"动作

Step 05 单击"动作"面板下方的"播放选定的动作"按钮，就可以自动执行此命令，执行动作后的效果如图 6-9 所示。

图 6-9 执行动作后的效果

3. 动作与批处理

下面通过实例介绍动作和批处理的具体应用。例如，拍摄了一组照片，每张照片都需要按顺时针方向旋转 90° 才能得到正视图；另外，所有照片的光线效果不是很好，需要补充光感和对比度。如果手动调整每张照片，则非常费时费力，现在我们使用动作和批处理功能予以解决。

Step 01 打开其中一张照片，打开"新建动作"对话框，单击"记录"按钮（从现在开始，每一步操作都会被记录下来），如图 6-10 所示。

图 6-10 "新建动作"对话框

Step02 将照片按顺时针方向旋转 90°，并且调整光感和对比度，单击"停止播放 / 记录"按钮，"动作"面板会记录刚才的操作，如图 6-11 所示。

Step03 在"动作"面板中单击动作左侧的倒三角按钮，会显示操作的详细信息，如果在记录动作的过程中有误操作，可以取消勾选误操作左侧的复选框，这样播放动作时就不会执行错误动作。

Step04 下面就可以进行批处理了，执行"文件" > "自动" > "批处理"菜单命令，如图 6-12 所示。

图 6-11　记录动作

图 6-12　执行"批处理"命令

Step05 如图 6-13 所示，打开"批处理"对话框，如果"动作"面板中只有一个组和一个动作，则"播放"选项无须更改；如果有多个组，则根据需要选择即可。然后在"源"下拉列表中选择要批处理的文件路径，并根据需要勾选相应的复选框，设置完成后单击"确定"按钮，开始批处理照片。

图 6-13　"批处理"对话框

6.2 编辑时间——时间轴的学习

微课视频

任务目标

（1）掌握时间轴的创建方法。

（2）能够区分两种时间轴样式。

任务说明

Photoshop CC 经常被用于处理图片，其实它也可以用于制作动画，Photoshop CC 中的"时间轴"就是制作动画的关键工具，下面就详细介绍"时间轴"面板的基础知识。

完成过程

新建一个文档，在默认的界面中是没有"时间轴"面板的，执行"窗口">"时间轴"菜单命令，打开"时间轴"面板单击"创建视频时间轴"按钮，时间轴才会被创建，如图 6-14 所示。

图 6-14　单击"创建视频时间轴"按钮

"时间轴"面板如图 6-15 所示，上方为工具栏，工具栏下方为素材窗口，与后期剪辑软件的布局非常相似。如果不习惯使用这种面板样式，可以单击左下角的切换按钮，切换到传统样式，如图 6-16 所示。

图 6-15　"时间轴"面板

图 6-16　"时间轴"面板的传统样式

6.3 连贯艺术——GIF 动画实例

任务目标

（1）掌握 GIF 动画的制作原理。
（2）掌握导出 GIF 动画图片的方法。

任务说明

使用 Photoshop CC 可以制作，很多 GIF 动画和 QQ 表情。下面通过两个实例介绍使用 Photoshop CC 制作 GIF 动画的具体操作，以及导出 GIF 动画图片的方法。

完成过程

1. 传统文化三字经灯展动态效果

Step 01 根据前面所学的内容按照要求制作三字经灯展模板，如图 6-17 所示。

Step 02 制作闪光。复制三字经闪光文字图层，若想让闪光的颜色多一些，可以复制生成多个三字经闪光文字图层，如图 6-18 所示。

图 6-17　三字经灯展模板

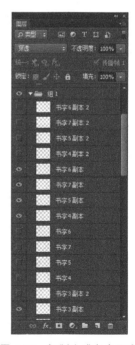

图 6-18　复制生成多个三字经闪光文字图层

Step 03 本例要制作三色闪光，所以分别复制生成了 3 个图层副本。然后打开"时间轴"面板，如图 6-19 所示。

图 6-19　"时间轴"面板图像排列

Step 04 在"时间轴"面板单击"转换为视图时间轴"按钮，转换后的效果如图 6-20 所示。

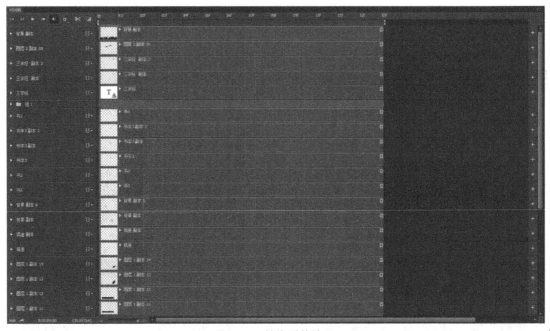

图 6-20　转换后的效果

图 6-21　关闭不需要的图层预览

Step 05 在时间轴上根据需要复制 3 帧画面，选择第一帧，将初始画面的图层预览打开，关闭不需要的图层预览，如图 6-21 所示。

Step 06 选择时间轴上的第二帧，选中图层 3、图层 4、图层 5、图层 6、图层 7 的副本图层，分别执行"色相 / 饱和度"命令，更改色相使其颜色发生变化；关闭图层 3、图层 4、图层 5、图层 6、图层 7 图层预览，开启图层 3、图层 4、图层 5、图层 6、图层 7 图层副本预览；然后选择第三帧，执行与第二帧相同的操作，操作完成后单击"播放动画"按钮查看效果。"图层"面板如图 6-22 所示。

Step 07 输出 GIF 动画，执行"文件">"存储为 Web 所用格式"菜单命令，打开"存储为 Web 所用格式"对话框，根据需求设置参数，如图 6-23 所示，完成案例制作。

图 6-22　"图层"面板

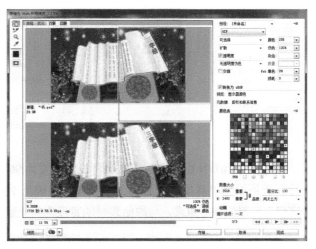

图 6-23　"存储为 Web 所用格式"对话框

2. 制作下雪动画

制作下雪动画比较复杂，首先要制作出循环单元，这样可以减小导出动画图片的大小；制作好循环单元后进行拼接，得到完整的雪花图片；再在时间轴上设置成动画即可。具体实现步骤如下。

Step01 打开雪景素材，如图 6-24 所示。

图 6-24　打开雪景素材

Step02 执行"图像" > "图像大小"菜单命令，打开"图像大小"对话框，查看图片的高度。这一步非常重要，因为雪花要循环播放，所以需要设置合适的高度。设置图像的"高度"为 700 像素，如图 6-25 所示。雪花的"高度"可以设置为 350、175 等 700 能够整除的数值。

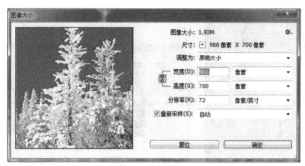

图 6-25　设置图像的高度

Step 03 按 Ctrl+N 组合键新建文档，设置尺寸为 966 像素 ×175 像素，"分辨率"为 72 像素 /
英寸。之所以将"高度"设置为 175 像素，是因为 700 像素 /175 像素 =4，刚好得到整数，将
"宽度"设置为 966 像素，与原始素材的宽度保持一致，如图 6-26 所示。

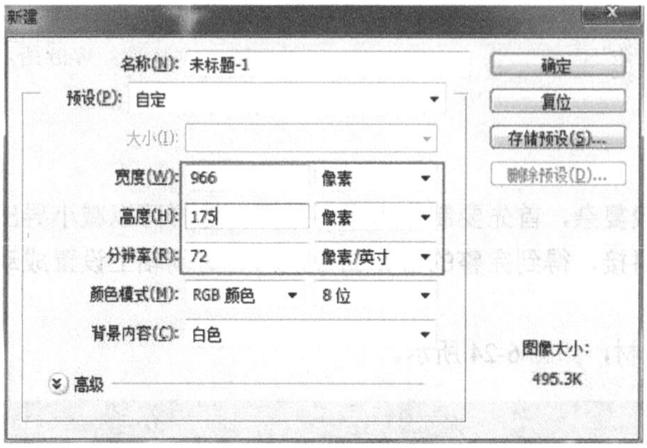

图 6-26　新建文档

Step 04 单击"默认前景色和背景色"按钮，恢复到默认状态，即设置"前景色"为白色，
"背景色"为黑色，进入"通道"面板，单击"创建新通道"按钮，新建"Alpha 1"通道，如
图 6-27 所示。

Step 05 执行"滤镜" > "像素化" > "点状化"菜单命令，打开"点状化"对话框，将"单
元格大小"设置为 5，设置完成后单击"确定"按钮关闭对话框，如图 6-28 所示。

图 6-27　新建 "Alpha 1" 通道

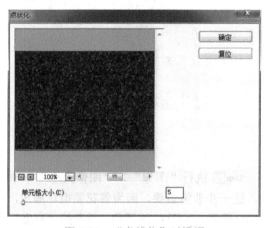

图 6-28　"点状化"对话框

Step 06 执行"图像">"调整">"色阶"菜单命令，打开"色阶"对话框，参数设置如图 6-29 所示，调整色阶后的效果如 6-30 所示。

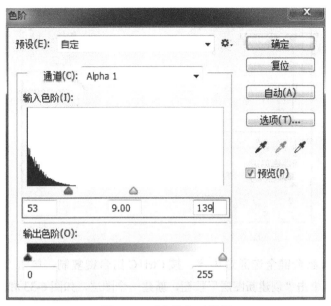

图 6-29　"色阶"对话框

图 6-30　调整色阶后的效果

Step 07 现在的雪花太亮太实，因此执行"滤镜">"模糊">"高斯模糊"菜单命令，打开"高斯模糊"对话框，设置"半径"为 1 像素，单击"确定"按钮关闭对话框，雪花效果如图 6-31 所示。

图 6-31　设置"高斯模糊"后的效果

Step 08 如果觉得雪花还不够真实，可以按 Ctrl+F 组合键再添加一次模糊滤镜。

Step 09 再次执行"图像">"调整">"色阶"菜单命令，打开"色阶"对话框，参数设置如图 6-32 所示，单击"确定"按钮关闭对话框。

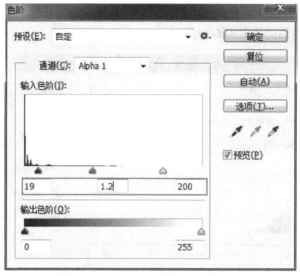

图 6-32　"色阶"对话框的参数设置

Step 10 按 Ctrl+A 组合键全选通道内容，按 Ctrl+C 组合键复制，单击"RGB"通道，返回"图层"面板，然后单击"创建新图层"按钮，新建一个图层，如图 6-33 和图 6-34 所示。

图 6-33　选择 RGB 通道

图 6-34　新建"图层 1"图层

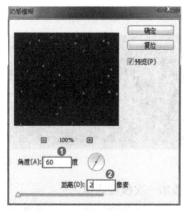

图 6-35　"动感模糊"对话框

Step 11 按 Ctrl+V 组合键将复制的通道粘贴进来。执行"滤镜"＞"模糊"＞"动感模糊"菜单命令，打开"动感模糊"对话框，设置"角度"为 60 度，"距离"为 2 像素，设置完成后单击"确定"按钮关闭对话框，如图 6-35 所示。

Step 12 前面选用的雪景素材尺寸为 966 像素 ×700 像素，这里制作的雪花素材尺寸为 966 像素 ×175 像素，如果想实现雪花循环下落的效果，只需将新建文档的高度设置为 875 像素（700 像素 +175 像素 =875 像素）即可，因此新建尺寸为 966 像素 ×875 像素的文档，并将制作的雪花图层拖曳进来，如图 6-36 所示。

图 6-36 新建文档并将雪花图层拖曳到文档中

Step13 将雪花图层左上角与新建文档左上角对齐，按 **Ctrl+J** 组合键进行复制，然后用"移动工具"进行拼接。再复制生成多个图层，按照相同的方法拼接起来，直到铺满整个画布，效果如图 **6-37** 所示。

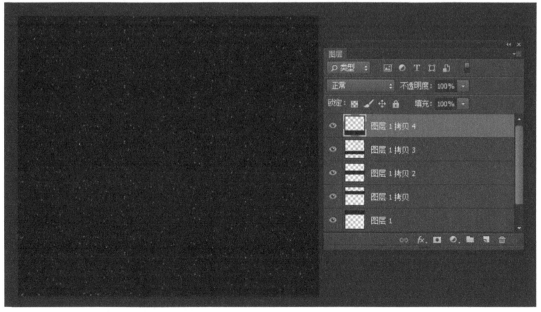

图 6-37 复制图层并拼接后的效果

Step14 按 **Ctrl+E** 组合键向下合并刚才复制的图层，然后使用"移动工具"将刚刚得到的新图层拖入雪景素材图片中，并将图层的混合模式改为"滤色"，如图 6-38 所示。

图 6-38　导入图层后的效果

Step 15 第一层雪花制作完成，将其作为中层雪花。按照相同的方法制作前层雪花和后层雪花，前层雪花尺寸可以设置为 966 像素 ×230 像素，将雪花放大并制作一个循环动画；后层雪花的尺寸可以设置为 966 像素 ×120 像素，将雪花缩小，增加模糊滤镜并制作一个循环动画。

Step 16 调整 3 个图层的顺序，并用"移动工具"将图层底部和背景素材对齐，如图 6-39 所示。

图 6-39　创建前层、中层、后层雪花

Step 17 开始制作动画，执行"窗口">"时间轴"菜单命令，打开"时间轴"面板，单击"创建视频时间轴"按钮，然后单击面板右上角的下拉按钮，在下拉菜单中选择"设置时间轴帧速率"选项，如图 6-40 所示，设置帧速率为 15。

Step 18 GIF 动画帧过多则文件会过大，先把后面的帧固定在 15 帧，这样文件就不会太大。然后依次单击前层、中层、后层前面的倒三角按钮展开列表，选择"位置"选项，在起点和终点各单击前面的菱形图标，设置起始关键帧，如图 6-41 所示。

> **注意**：将前层、中层、后层图层的上部位置与背景素材对齐，在设置关键帧位置时，关键帧位置为标黄显示，每个图层单独调节，并且可以单击"播放"按钮观看效果，如图 6-42 所示。

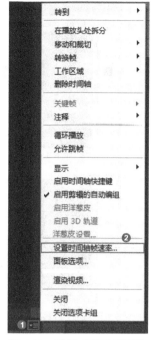

图 6-40　选择"设置时间轴帧速率"选项

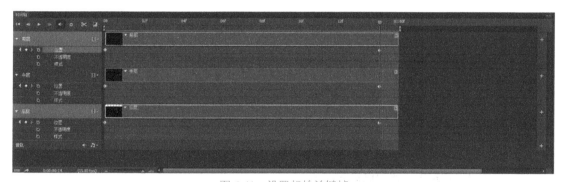

图 6-41　设置起始关键帧

图 6-42　单击"播放"按钮观看效果

Step 19 如果达到预想效果，则执行"文件">"存储为 Web 所用格式"菜单命令，打开"存储为 Web 所用格式"对话框，如图 6-43 所示，选择"GIF"格式，设置"循环选项"为"永远"，单击"存储"按钮，在弹出的对话框中选择保存位置，并将文档命名为"雪景"，完成本案例的制作。

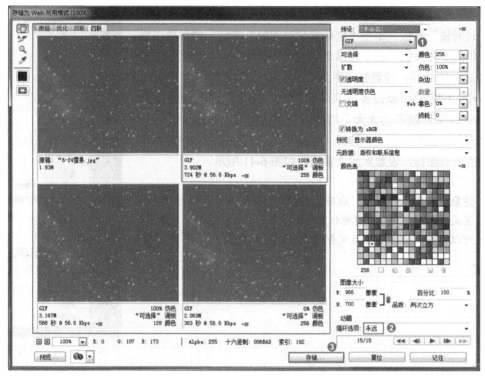

图 6-43　"存储为 Web 所用格式"对话框

6.4　视觉感知——动态海报的设计与制作

微课视频

任务目标

（1）掌握动态海报中运动素材的制作方法。

（2）掌握动态海报中关键帧设置的方法。

任务说明

　　新媒体的快速发展使得媒体传播进入传统媒体与新媒体并存的融媒体时代，在这样的背景下静态海报不能完整地展现情节和影像美学，动态海报设计已逐渐成为新媒体客户端的标配。动态海报可以是从视频中抽取一段画面转换为 GIF 动画，也可以是使用平面或者矢量软件等制作的 GIF 动画，本例就介绍使用 Photoshop CC 制作动态海报的具体操作。

完成过程

　　Step 01 打开动态海报设计 PSD 文件，先制作运动素材，复制"天空"图层，得到"天空 拷贝"图层，选择该图层进行自由变换（快捷键为 Ctrl+T 组合键），按向上方向箭头移动 5 像素，按 Enter 键取消自由变换，如图 6-44 所示。

Step02 复制"天空 拷贝"图层，得到"天空 拷贝 2"图层，选择"天空 拷贝 2"图层执行自由变换操作，同样向上移动 5 像素。重复上述操作，得到"天空 拷贝 3"图层，如图 6-45 所示。

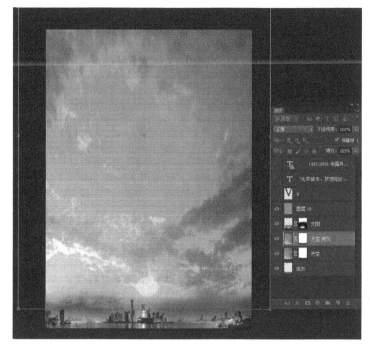

图 6-44　制作天空运动素材　　　　　　　　图 6-45　继续制作天空运动素材

Step03 接下来制作太阳的运动素材，复制"太阳"图层，得到"太阳 拷贝"图层，将"不透明度"调整为 46%。继续复制"太阳 拷贝"图层得到"太阳 拷贝 2"图层，"不透明度"调整为 65%。重复上述操作得到"太阳 拷贝 3"图层，将"不透明度"调整为 100%，并执行自由变换操作放大"太阳 拷贝 3"图层，如图 6-46 所示。

Step04 执行"窗口">"时间轴"菜单命令，创建传统时间轴，第一关键帧将天空运动素材拷贝图层预览和太阳运动素材拷贝图层预览全部关闭，如图 6-47 所示。

图 6-46　制作太阳运动素材　　　　　　　　图 6-47　第一关键帧设置

Step 05 创建第二关键帧，关闭"太阳"图层和"天空"图层预览，开启太阳拷贝图层和天空拷贝图层预览，如图 6-48 所示。

Step 06 参照前面步骤的操作创建第三、第四关键帧，如图 6-49 所示。

Step 07 创建第五关键帧，将"V"图层预览开启。创建第六关键帧，开启两个文字图层预览，如图 6-50 所示。

图 6-48　第二关键帧设置　　　图 6-49　第三、第四关键帧设置　　　图 6-50　第五、第六关键帧设置

Step 08 选择前五帧，将时间改为 0.2 秒，完成案例制作。执行"文件"＞"存储为 Web 所用格式"菜单命令，设置相关参数，保存文件，如图 6-51 所示。

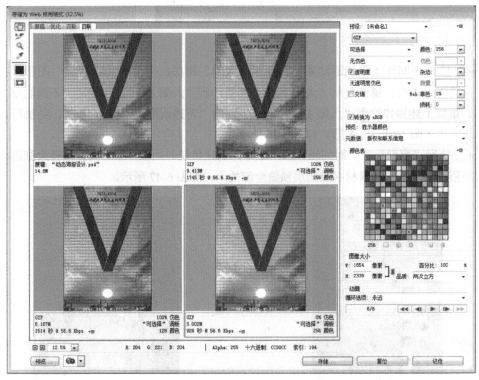

图 6-51　"存储为 Web 所用格式"参数设置

第7章
三维空间——Photoshop CC 3D 功能的应用

◇◇◇

知识目标	熟悉 Photoshop CC 中的 3D 功能，能够使用此功能创建 3D 对象，并将其运用到设计作品中。
能力目标	熟悉"3D"面板中的功能，掌握坐标体系，掌握"材质"面板及"灯光"面板的使用方法。
重点难点	重点：坐标体系的空间调整。 难点："材质"面板和"灯光"面板的高级应用。
参考学时	7.1 立体展现——"3D"面板的解读（1 课时） 7.2 立体实施——月球的制作（1 课时） 7.3 立体标志——今日头条图标的制作（2 课时） 7.4 立体文字——浮雕花纹文字的制作（2 课时）

7.1 立体展现——"3D"面板的解读

微课视频

任务目标

（1）掌握 3D 图层的创建方法。
（2）掌握"3D"面板的灯光、材质、相机等命令。

任务说明

熟悉 Photoshop CC 中的 3D 功能，能运用此功能创建 3D 文字和 3D 立体对象，并将其运用到设计作品中。

任务过程

在讲解 3D 功能前，首先打开 Photoshop CC，单击界面右上区域的"基本功能"按钮，展开列表，确认安装的软件功能是否完整，是否包含 3D 功能，如图 7-1 所示。

新建文件，选择"移动工具"，在选项栏中就会看到 3D 操作按钮，从左到右依次为"旋转""滚动""拖动""滑动"和"缩放"，如图 7-2 所示。

图 7-1 "基本功能"中的"3D"选项

141

"**3D**"面板如图 7-3 所示。

图 7-2　3D 操作按钮　　　　　　　　　　图 7-3　"3D"面板

- **3D** 明信片：建立一个平面，可以作为地面或者背景板使用。
- **3D** 模型：可以导入 **OBJ** 格式模型文件。
- 从预设创建网格：常用功能，用于建立基础形状。
- 从深度映射创建网格：可以作为背景使用。

创建 3D 对象有两种方法：一种是预设形状，另一种是平面转立体。下面通过预设形状制作一个包装盒，并以此介绍"**3D**"面板中各项内容的属性设置及含义。

新建 A4 大小的文件，"分辨率"为 200 像素 / 英寸。在"**3D**"面板中选中"从预设创建网格"单选按钮，然后选择"立方体"选项，单击"创建"按钮，一个立方体盒子就创建了，如图 7-4 和图 7-5 所示。

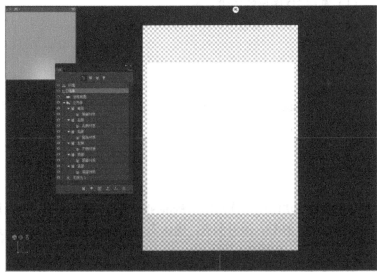

图 7-4　"3D"面板设置　　　　　　　　　图 7-5　创建的立方体

在"3D"面板中单击"环境"，打开"环境"属性面板，如图 7-6 所示。第一排为环境按钮和坐标按钮，"全局环境色"一般不更改；"IBL"为设置环境贴图，可以模仿场景和光照，不反光的物体使用默认的 IBL 贴图即可；"强度"选项为影响环境的亮度，"柔和度"为环境的清晰度；阴影颜色"不透明度"为影响物体在地面的投影的深浅，反射颜色的"不透明度"是物体在地面倒影的强度，"粗糙度"是物体在地面的清晰度；背景图像相当于图层中的"背景"图层，在这创建比较消耗内存，因此不建议在此创建，若要创建可以回到传统图层来创建。

在"3D"面板中单击"场景"，打开"场景"属性面板，如图 7-7 所示。"预设"窗口可以快速设置渲染效果，一般保持默认设置即可，当然预设中还有很多效果，例如素描、铅笔、线框、透明外框、双框等；勾选"横截面"复选框，可以将物体像蛋糕一样切成两半。注意一般不用自定义渲染效果，因为这种渲染效果特别消耗计算机内存。

在"3D"面板中单击"3D 相机"，打开"3D 相机"属性面板，如图 7-8 所示。"视图"窗口中可以切换视图显示，其中俯视视角和仰视视角在调整物体时候经常使用。选择"透视"，会显示透视网格；选择"正交"，则没有消失点，立方体各个边平行。镜头"视角"的焦距越大，透视感越弱；焦距越小，透视感越强。景深"距离"就是对焦的距离，"深度"是焦点外虚化的程度，最终渲染前不要设置"深度"，否则会影响计算机使用性能。勾选"立体"复选框，可以用 3D 眼镜来观看和操作，但是立体效果一般。

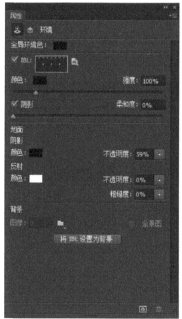

图 7-6　"环境"属性面板　　　　图 7-7　"场景"属性面板　　　　图 7-8　"3D 相机"属性面板

单击"立方体"左侧的展开符号，显示"立方体"各部分的材质项，可以单击各个面的材质项，打开相应的"材质"属性面板，如图 7-9 所示。在"材质"属性面板中，可以给当前面贴上不同贴图，也可以打开预设材质球找到合适的材质，调整材质参数，单击后面的文件夹图标，可以通过贴图配合使用当前属性来调整贴图强弱，做出 UV、镂空等效果。

"无限光"属性面板如图 7-10 所示。此面板为调节灯光的面板，可以设置灯的"类型"，有"点光""聚光灯"和"无限光"，最常用的是"无限光"，相当于自然光或者摄影透光灯的平行光，创建对象后会默认配置一盏"无限光"。

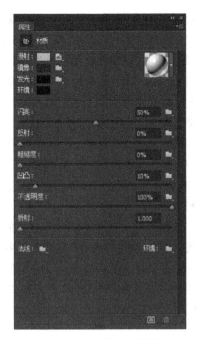

图 7-9　"材质"属性面板

图 7-10　"无限光"属性面板

7.2　立体实施——月球的制作

微课视频

任务目标

（1）掌握导入素材文档的方法。
（2）掌握"3D"面板创建球体的命令。

任务说明

新建文档后导入月球贴图素材，打开"3D"面板后创建球体，完成立体月球的制作。

完成过程

Step 01 首先创建一个文档，大小为 1000 像素 ×500 像素，"分辨率"为 300 像素 / 英寸，如图 7-11 所示。

Step 02 导入已有的月球贴图素材，并执行"自由变换"命令，调整其大小，如图 7-12 所示。

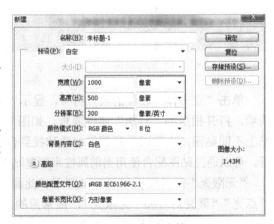

图 7-11　新建文档

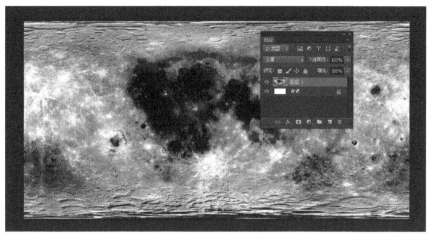

图 7-12　月球贴图并调整大小

Step 03 打开 "3D" 面板，选中 "从预设创建网格" 单选按钮，然后选择 "球体"，单击 "创建" 按钮创建球体，如图 7-13 和图 7-14 所示。

图 7-13　"3D" 面板　　　　　　　　　　　　　图 7-14　创建球体

Step 04 3D 球体创建出来了，可以使用选项栏中的按钮对球体进行旋转、缩放等操作。月球的边缘现在看上去很粗糙，在 "图层" 面板中双击 3D 标志，可以打开 "3D" 面板，在该面板中可以对 3D 图层做很多调整。确保选中 "Scene" 选项，然后将 "抗锯齿" 设置为 "最佳"，这样月球边缘就会变得平滑了。

7.3　立体标志——今日头条图标的制作

微课视频

任务目标

（1）掌握凸出面板参数设置。

（2）掌握材质面板的参赛设置。

任务说明

新建文档后绘制立体标识的图片，并赋予凸出命令，添加材质命令，最后增加灯光命令，调整后得到最终的立体标志。

完成过程

Step 01 新建文件，参数如图 7-15 所示。

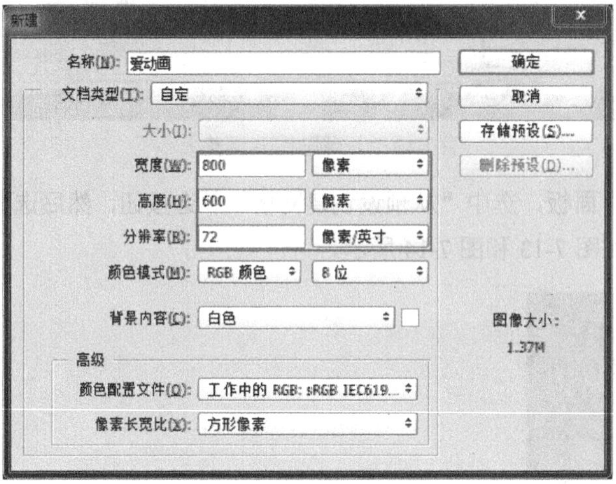

图 7-15　新建文件

Step 02 新建两个图层，填充颜色 #dcdcdc，分别命名为"墙"和"地板"，如图 7-16 和图 7-17 所示。

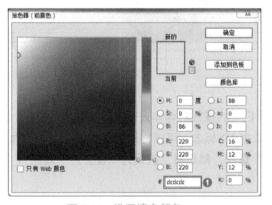

图 7-16　设置填充颜色

图 7-17　新建图层

Step 03 选择"圆角矩形工具"，设置为"形状"，"半径"设置为 52 像素，绘制一个 300 像素 ×300 像素的圆角矩形，如图 7-18 所示。绘制完成后设置圆角矩形颜色为纯白，放在画布中央，并将该图层命名为"白板背景"。

Step 04 选择"钢笔工具"，设置为"形状"，绘制图标上的红色背景区域，填充红颜色为 #ff0000，将该图层命名为"红布"，如图 7-19 所示。

图 7-18　创建圆角矩形　　　　　　　　　　图 7-19　添加"红布"后的效果

Step 05 继续用"钢笔工具"画出"头条"和灰色文字纹理，"头条"颜色为纯白，灰色文字纹理颜色为 #dcdcdc，对应的图层分别命名为"头条"和"文字纹理"，如图 7-20 所示。

Step 06 完成以上步骤后，"图层"面板中图层排列如图 7-21 所示。

图 7-20　添加"头条"和灰色文字纹理　　　　图 7-21　　"图层"面板中图层排列

Step 07 选择"头条"图层，执行"3D"＞"从所选路径新建 3D 模型"菜单命令，如图 7-22 所示。

图 7-22　执行"从所选路径新建 3D 模型"命令

Step 08 创建 3D 模型的效果如图 7-23 所示。

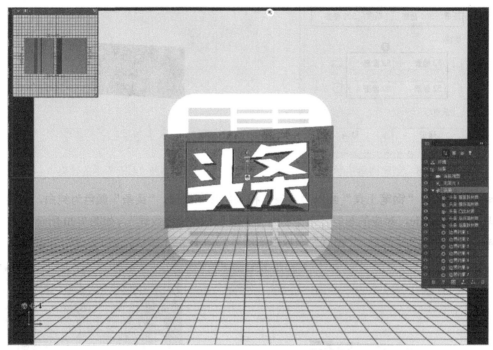

图 7-23　创建 3D 模型的效果

Step 09 对"红布"图层、"文字纹理"图层、"白板背景"图层执行相同的操作，完成后如图 7-24 所示。

图 7-24　创建 3D 图层后的效果

Step 10 选择"墙"图层，执行"3D" > "从图层新建网格" > "明信片"菜单命令，如图 7-25 所示。

Step 11 对"地板"图层执行相同的操作，然后选中进行过 3D 操作的图层，执行"3D">"合并 3D 图层"菜单命令，如图 7-26 所示。

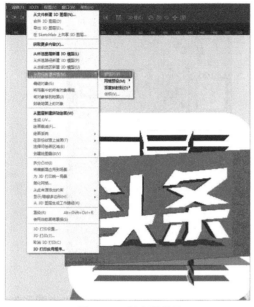

图 7-25　创建明信片

图 7-26　执行"合并 3D 图层"命令

Step 12 打开"3D"面板，选择"当前视图"，旋转到侧面视图，如图 7-27 所示。

图 7-27　旋转对象后的效果

Step 13 在"3D"面板中选择"白板背景"，双击"白板背景"前的星星图标，进行属性设置，如图 7-28 所示。

Step 14 打开"凸出材质"属性面板，"凸出深度"设置为 200 像素，如图 7-29 所示。

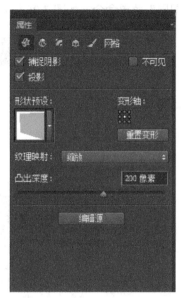

图 7-28　"白板背景"子菜单　　　　　　　图 7-29　设置"凸出深度"

Step 15 选择属性面板中的"盖子"图标，设置"宽度"为 6%，"等高线"选择"半圆形"，如图 7-30 所示，完成"白板背景"的设置。

Step 16 对"红布"执行相同的操作，"凸出深度"设置为 400 像素，"宽度"设置为 3%，"等高线"设置为"半圆形"。同样对"头条"执行相同的操作，"凸出深度"设置为 50 像素，"宽度"设置为 3%，"等高线"保持默认设置。"文字纹理"的操作仿照"头条"。

Step 17 双击"地板"前的图标，在"坐标"面板中将 X 的"旋转"设置为 90°，如图 7-31 所示。

图 7-30　属性面板设置　　　　　　　图 7-31　"坐标"面板设置

Step18 选中图层，图层对应的模型就会显示三轴杆，可以进行移动、旋转和缩放，如图 7-32 所示。

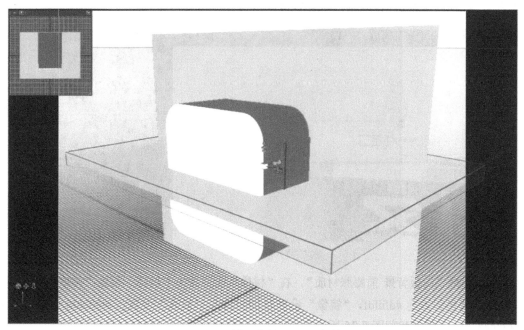

图 7-32　模型中的 XYZ 坐标轴

Step19 通过三轴控件调整各个图层位置，并调整大小，必要时通过调整视图来判断位置，调整至如图 7-33 所示的效果。

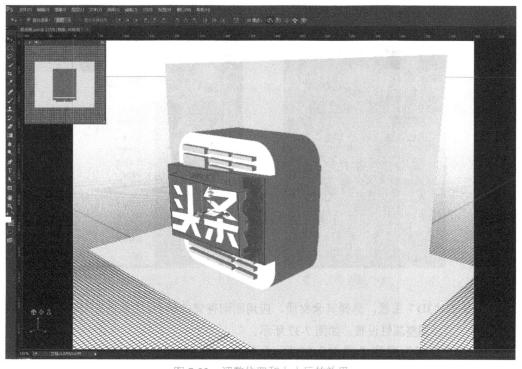

图 7-33　调整位置和大小后的效果

Step 20 将视图旋转到理想的位置，双击"当前视图"前的图标，打开属性面板，在"视图"列表中选择"存储"选项，打开"新建 3D 视图"对话框，设置"视图名称"为"预渲染"，单击"确定"按钮即可新建 3D 视图，如图 7-34 所示。

图 7-34　新建 3D 视图

Step 21 选择"白板背景 前膨胀材质"，在"材质"属性面板中编辑，移除"漫射"纹理，并将"漫射"颜色设置为 #dfdfdf，"镜像"设置为 #727272，"发光"设置为 #080808，"环境"设置为 #000000，其他参数如图 7-35 所示。

Step 22 单击右上角材质球右侧的下拉按钮，在展开的面板中单击右侧的齿轮图标按钮，打开面板菜单，选择"新建材质"选项，如图 7-36 所示。

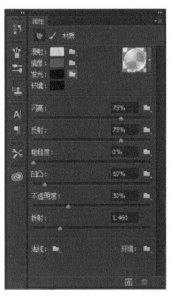

图 7-35　属性面板参数设置

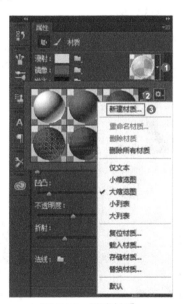

图 7-36　新建材质

Step 23 返回"3D"面板，选择其余材质，应用刚刚存储的材质，"头条""文字纹理"应用相同的材质，然后调整属性设置，如图 7-37 所示。

Step 24 对"红布"移除"漫射"纹理，"漫射"颜色设置为 #ff0000，"镜像"设置为 #545454，"发光"设置为 #080808，"环境"设置为 #000000，其余参数如图 7-38 所示。

图 7-37　属性面板参数设置　　　图 7-38　属性面板参数设置

Step25 单击 "凹凸" 右侧的文件夹图标，在展开的列表中选择 "新建纹理" 选项，如图 7-39 所示。

Step26 新建一个 "高度" 和 "宽度" 均为 600 像素，"分辨率" 为 72 像素 / 英寸，"名称" 为 "红布 前膨胀材质 - 凹凸" 的文档，如图 7-40 所示。

Step27 单击 "凹凸" 右侧的纹理图标，在展开的列表中选择 "编辑纹理" 选项，如图 7-41 所示。

图 7-39　选择 "新建纹理" 选项　　　　图 7-40　新建文档　　　　图 7-41　选择 "编辑纹理" 选项

Step28 打开纹理文件，执行 "滤镜" > "杂色" > "添加杂色" 菜单命令，打开 "添加杂色" 对话框，设置相关参数，单击 "确定" 按钮保存设置并关闭对话框，如图 7-42 所示。

Step29 再次单击 "凹凸" 右侧的纹理图标，在展开的列表中选择 "编辑 UV 属性" 选项，打开 "纹理属性" 对话框，参数设置如图 7-43 所示。

图 7-42　"添加杂色" 参数设置　　　　图 7-43　纹理属性设置

Step 30 存储纹理，并应用到"红布"的其他材质。双击"地板"前的"网格"图标，在展开的属性面板中取消勾选"投影"复选框，然后对"墙"执行相同操作，如图 7-44 所示。

Step 31 单击"地板"，打开"材质"属性面板，单击"漫射"右侧的纹理图标，在展开的列表中选择"编辑纹理"选项，如图 7-45 所示。

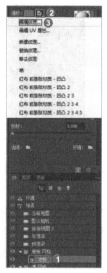

图 7-44　取消勾选"投影"复选框　　　　图 7-45　选择"地板"并编辑纹理

Step 32 打开木纹素材，适当缩小木纹图并进行拼接，拼成一整块后保存纹理，返回到原来的文档中应用纹理，如图 7-46 所示。

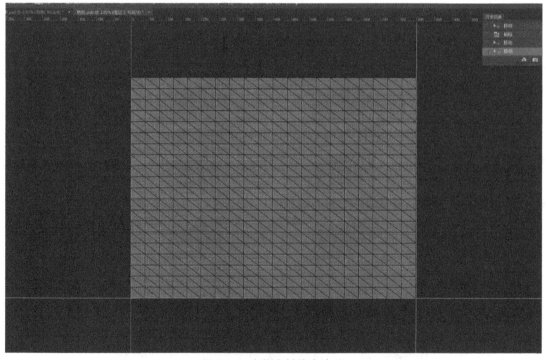

图 7-46　木纹素材缩小效果

Step33 移除"不透明度"纹理，然后设置"镜像"颜色为 #bbbbbb，"发光"颜色为 #000000，"环境"颜色为 #000000，保存材质，如图 7-47 所示。

Step34 赋予"墙"相同的材质，然后更改"闪亮"参数为 50%，"反射"为 10%，如图 7-48 所示。

Step35 接下来创建"无限光"，并改变其角度，如图 7-49 所示。

  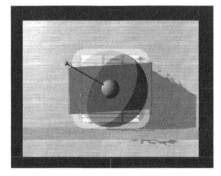

图 7-47　移除"不透明度"纹理　图 7-48　　"墙"材质参数设置　　　　图 7-49　　无限光图示

Step36 双击"无限光"前面的图标，打开属性面板，更改"颜色"为 #fefbef，"强度"为 60%，"柔和度"为 50%，如图 7-50 所示。

Step37 新建点光，更改"颜色"为 fffef8，"强度"为 15%，取消勾选"阴影"复选框，勾选"光照衰减"复选框，设置"内径"为 79 像素，"外径"为 868 像素，如图 7-51 所示。

Step38 为了使光线逐渐褪色，让它进一步扩散，看起来更加自然，使用三轴杆调整点光源的位置到头条的前面，如图 7-52 所示。

  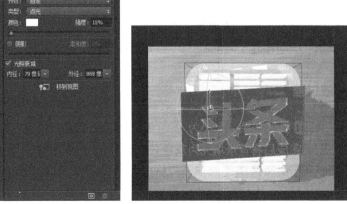

图 7-50　"无限光"参数设置　图 7-51　"点光"参数设置　　　图 7-52　调整点光源的位置

Step 39 双击"环境"，打开属性面板，设置"强度"为 34%，"柔和度"为 50%，阴影"不透明度"为 60%，如图 7-53 所示。

Step 40 单击"3D"面板下方的"渲染"按钮开始渲染，一般渲染时间较长，耐心等待，渲染完成后的最终效果如图 7-54 所示。

图 7-53 "环境"属性面板参数设置   图 7-54 最终效果

7.4 立体文字——浮雕花纹文字的制作

微课视频

任务目标

（1）掌握文字立体化的方法。
（2）掌握添加纹理材质的方法。

任务说明

新建路径文字并转换为立体文字，通过材质面板给立体文字增加效果，导入纹理材质并调整效果，增加光源并调整光的参数得到最终效果。

完成过程

Step 01 新建文档，大小为 1000 像素 ×750 像素，"分辨率"为 72 像素 / 英寸，如图 7-55 所示。创建完成后将背景填充为灰色。

Step 02 使用文字工具输入"LOVE"，设置字体为"Insaniburger White Cheese"，"文本颜色"选择黑色，"字体大小"设置为 235 点，字间距设置为 50，如图 7-56 所示。

Step 03 选择文字图层，右击，在弹出的快捷菜单中选择"转换为智能对象"选项，将文字图层转换为智能图层。选择"直接选择工具"，单击字母 O 中的锚点，按 Delete 键将锚点删除，如图 7-57 所示。之所以这样做，是因为下面要在字母 O 的中间添加爱心。

图 7-55　新建文档　　　　　图 7-56　文字参数设置　　　图 7-57　删除锚点后的字母 O

Step04 选择"自定形状工具"，在选项栏中选择心形图案，然后将心形图案添加在字母 O 的中间，并将其填充为红色，如图 7-58 所示。

图 7-58　添加自定义爱心

Step05 复制心形形状路径到"LOVE"图层，填充为黑色，隐藏原来的心形图层，如图 7-59 所示。

图 7-59　心形填充为黑色的效果

Step06 选择"LOVE"图层，框选全部形状路径，单击选项栏中的"路径操作"按钮，在展开的列表中选择"排除重叠形状"选项，将图层命名为"LOVE"；显示之前隐藏的心形图层，将图层命名为"心"，效果如图 7-60 所示。

图 7-60　删除路径后的效果

Step 07 分别选择两个形状图层，然后执行"3D"＞"从所选路径新建 3D 模型"菜单命令，如图 7-61 所示。

图 7-61　创建 3D 后的效果

Step 08 选择两个 3D 图层，然后执行"3D"＞"合并 3D 图层"菜单命令，如图 7-62 所示。

Step 09 通过调整模型位置，达到如图 7-63 所示的效果。

图 7-62　执行"合并 3D 图层"命令

图 7-63　调整位置后的效果

Step 10 单击"3D"面板中的图层，打开属性面板，设置"凸出深度"为 350 像素，如图 7-64 所示。

Step 11 单击"LOVE"图层标签，在打开的属性面板中单击"盖子"图标，在其属性面板中设置"边"为"前部和背面"，斜面"宽度"为 15%，"角度"为 45°，"等高线"为"锥形反转"，膨胀"强度"为 5%，如图 7-65 所示。

Step 12 单击"心"图层标签，在打开的属性面板中单击"盖子"图标，设置"边"为"前部"，斜面"宽度"为 10%，"等高线"为"内凹深"，膨胀"强度"为 5%，如图 7-66 所示。

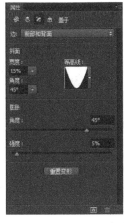

图 7-64　属性面板参数设置　　　图 7-65　"前部和背面"参数设置　　　图 7-66　"前部"参数设置

Step 13 选择心形图案的全部材质标签，单击"漫射"纹理图标按钮，在展开的列表中选择"移去纹理"选项，如图 7-67 所示。

Step 14 在属性面板设置"漫射"的颜色为 RGB（154，7，7），"镜像"的颜色为 RGB（170，30，63），"闪亮"为 95%，"反射"为 16%，"粗糙度"为 3%，"不透明度"为 50%，"折射"为 1.5，如图 7-68 所示。

Step 15 选择"LOVE"图层的前斜面、后斜面和后膨胀材质，按照前面的操作移除材质。然后设置"漫射"的颜色为 RGB（173，173，173），"镜像"的颜色为 RGB（134，133，130），"闪亮"为 50%，"反射"为 10%，"粗糙度"为 10%，"不透明度"为 100%，"折射"为 1.05，如图 7-69 所示。

图 7-67　选择"移去纹理"选项　　　图 7-68　属性面板参数设置　　　图 7-69　"LOVE"图层属性参数设置

Step 16 选择"移动工具"，选择 3D 轴，将心形移到文字里面。坐标轴上方的箭头按钮可以控制移动，向下的箭头按钮可以控制旋转，中间的按钮可以控制缩放。调整后的效果如图 7-70 所示。

图 7-70　调整后的效果

Step 17 选择"LOVE"图层的前膨胀材质，移除材质，然后设置"镜像"颜色为 RGB（134，133，130），"闪亮"为 50%，"反射"为 30%，"凹凸"为 20%，如图 7-71 所示。

Step 18 选择"LOVE"图层的凸出材质，移除材质，然后设置"镜像"颜色为 RGB（134，133，130），"闪亮"为 50%，"反射"为 10%，"凹凸"为 5%，"折射"为 1.05，如图 7-72 所示。

Step 19 选择文字标签，执行"3D" > "拆分凸出"菜单命令，这样会将文字拆分为单独的字母。选择 L 字母标签，在属性面板设置"纹理映射"为"平铺"，如图 7-73 和图 7-74 所示。

图 7-71　"前膨胀材质"属性面板　　图 7-72　"凸出材质"属性面板　　图 7-73　执行"拆分凸出"
　　　　　参数设置　　　　　　　　　　　参数设置　　　　　　　　　　菜单命令

Step20 打开"金属纹理 1"素材，执行"图像"＞"调整"＞"色阶"菜单命令，打开"色阶"对话框，设置白光为 170，单击"确定"按钮关闭对话框，如图 7-75 所示。然后将素材另存为"前纹理"。

图 7-74　设置"纹理映射"为"平铺"

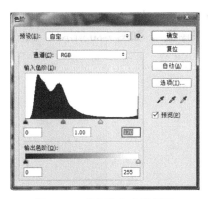

图 7-75　"色阶"参数设置

Step21 回到 3D 场景中，单击第一个字母的"前膨胀材质"标签，打开"材质"属性面板，单击"漫射"后面的按钮，在展开的列表中选择"载入纹理"选项，将上一步创建的"前纹理"载入，载入后的效果如图 7-76 所示。

图 7-76　载入纹理的效果

Step22 如果觉得纹理效果不理想，单击"漫射"材质按钮，在展开的列表中选择"编辑 UV 属性"选项，打开"纹理属性"对话框，可以调节"平铺"数值，直到效果满意为止，如图 7-77 所示。

Step23 单击"凹凸"右侧的按钮，选择"金属纹理 2"，按照前面的操作调整 UV 属性以适应漫射效果，"纹理属性"参数设置如图 7-78 所示。

图 7-77　纹理属性编辑

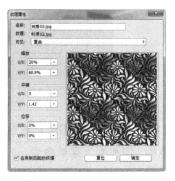

图 7-78　"纹理属性"参数设置

Step24 存储创建好的材质，并分别赋予其他字母，调整每个字母的 UV 属性，让漫射和凹凸的效果相衬，调整后的效果如图 7-79 所示。

Step25 按照相同的操作将"金属纹理 3"载入到所有字母"凸出材质"中。

Step26 打开"情人节"素材，执行"滤镜"＞"转换为智能滤镜"菜单命令，并将图层命名为"背景图像"，如图 7-80 所示。

图 7-79　赋予材质后的效果

图 7-80　执行"转换为智能滤镜"
命令

Step27 执行"滤镜"＞"模糊"＞"场景模糊"菜单命令，设置底部图像的"模糊"为 0 像素，顶部图像的"模糊"为 13 像素，应用滤镜后的效果如图 7-81 所示。

图 7-81　场景模糊后的效果

Step28 将"背景图像"图层复制到 3D 场景文档中，放到 3D 图层下方。执行"图像"＞"调整"＞"色相／饱和度"菜单命令，打开"色相／饱和度"对话框，设置"饱和度"为 –10。选择"移动工具"，利用 3D 模式移动相机调整文字和背景的对齐情况，再用"旋转工具"调整字母，调整后的效果如图 7-82 所示。

图 7-82　调整后的画面效果

Step29 单击视图，调整摄像机角度，选择合适的角度后存储为"预渲染"。选择"无限光 1"标签，然后根据背景图案调整光线的方向，并调整"无限光"参数，如图 7-83 所示。

Step30 创建"点光"，将其移到模型右后方，调整参数如图 7-84 所示。

Step31 选择"环境"标签，打开属性面板，单击 IBL 材质图标，在展开的列表中选择"替换纹理"选项，将准备好的素材图案替换进来，如图 7-85 所示。

图 7-83　"无限光"属性参数设置　　图 7-84　"点光"属性参数设置　　图 7-85　替换纹理

Step32 再次单击 IBL 材质图标，在展开的列表中选择"编辑纹理"选项，纹理打开后，执行"图像"＞"调整"＞"色相/饱和度"菜单命令，打开"色相/饱和度"对话框，设置"饱和度"为 –35，设置完成后保存并关闭文档。在属性面板调整 IBL "强度"为 33%，地面阴影的"不透明度"为 100%，反射"不透明度"为 2%，"粗糙度"为 10%，如图 7-86 所示。

Step33 在"3D"面板选择 LOVE 的所有字母，在属性面板中单击"盖子"图标，设置

"边"为"前部和背面"，斜面"角度"为 –25°，如图 7-87 所示。

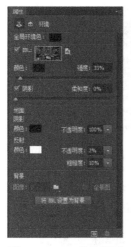

图 7-86 IBL 参数设置

图 7-87 "前部和背面"参数设置

Step 34 选择"预渲染"视图进行渲染，渲染后的最终效果如图 7-88 所示。

图 7-88 最终效果

拓展训练

（1）创建自己名字的 3D 文字。

（2）制作一个立体包装盒。

第 8 章
图像美化——绘画与图像修饰

知识目标	熟练掌握"画笔工具"和"画笔"面板的设置与使用方法,掌握瑕疵的修复方法。
能力目标	掌握多种修复工具的特性与使用方法,掌握图像修饰工具的使用方法。
重点难点	重点:熟练掌握"仿制图章工具""污点修复画笔工具""修复画笔工具"等修复工具的使用方法。 难点:熟练掌握"画笔工具"和"画笔"面板的设置与使用方法。
参考学时	8.1 工具概述——画笔工具(1 课时) 8.2 图像优化——瑕疵的修复(2 课时) 8.3 图像升级——图像的修饰(1 课时)

8.1 工具概述——画笔工具

微课视频

任务目标

(1)掌握设置画笔样式的方法。
(2)熟练掌握定义"画笔预设"的方法。

任务说明

Photoshop CC 提供了非常强大的绘图工具——画笔工具,铅笔画、油画、插画,统统可以在 Photoshop CC 中搞定!

"画笔工具"是以"前景色"为"颜料"在画面中进行绘制的。绘制的方法也很简单,在画面中单击,能够绘制一个圆点(默认情况下"画笔工具"笔尖为圆形);在画面中按住鼠标左键并拖动,即可轻松绘制出线条,如图 8-1 所示。

"铅笔工具"主要用于绘制硬边的线条。"铅笔工具"的使用方法与"画笔工具"的使用方法相似,都是可以在选项栏中单击"切换画笔面板"按钮,打开"画笔"面板,选择一个笔尖样式并设置画笔大小;然后在选项栏中设置"模式"和"不透明度";接着在画面中按住鼠标左键进行拖动绘制即可,如图 8-2 所示。

图 8-1　使用"画笔工具"绘制

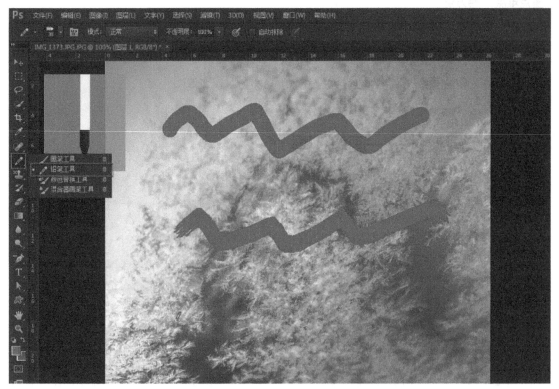

图 8-2　使用"铅笔工具"绘制

完成过程

Step 01 新建一个文档，尺寸为 500 像素 ×500 像素，"分辨率"为 100 像素 / 英寸，适当设置文档并选择"画笔工具"，如图 8-3 所示。

Step 02 执行"窗口"＞"画笔"菜单命令（快捷键 F5 键），打开"画笔"面板，在该面板中集合了非常多的参数设置，最底部显示了当前笔尖样式的预览效果，此时默认显示的是"画笔笔尖形状"页面，如图 8-4 所示。

图 8-3　新建文档并设置

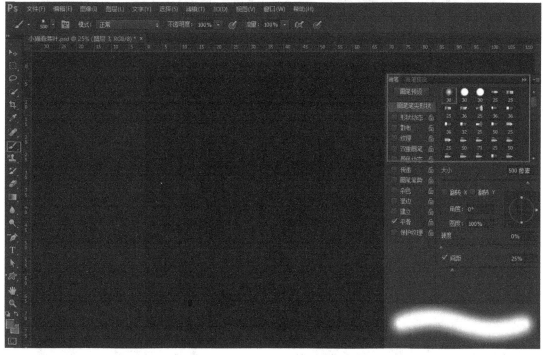

图 8-4　打开"画笔"面板

Step03 接下来开始正式绘制"小猫看落叶"练习，新建一个透明图层，命名为"身体"，选择"椭圆选框工具"，并调整"羽化"值为 32 像素，填充前景色为白色。绘制一个边缘较模糊的大圆作为小猫的头部，然后再绘制一个小一些的圆作为小猫的身体，二者共同组合成小猫的形态，如图 8-5 所示。

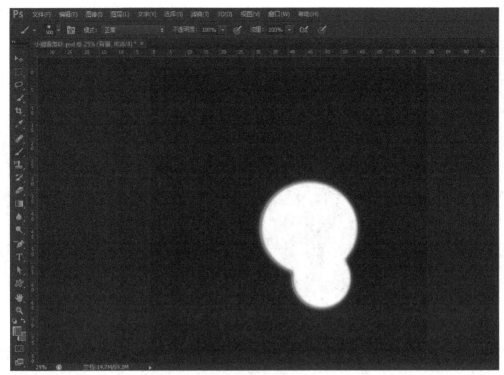

图 8-5　绘制椭圆形选区构建小猫形态

Step 04 新建一个透明图层并命名为"尾巴"，右击工作区，在弹出的快捷菜单中选择"建立工作路径"选项，然后选择"画笔工具"，并调整画笔"大小"为 30 像素，同时调低"硬度"，使笔触效果与头和身体边缘相似，如图 8-6 所示。

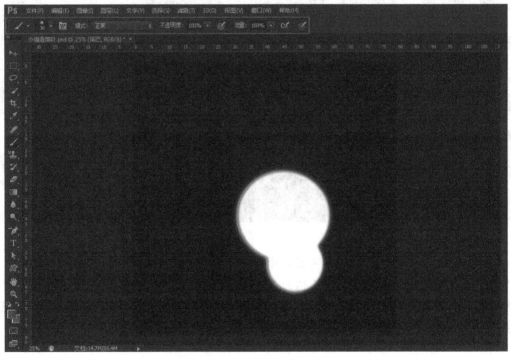

图 8-6　调整"画笔工具"参数

Step 05 绘制尾巴，按 **Ctrl+T** 组合键执行"自由变换"命令，可以根据画面需要调整小猫尾巴的角度及大小，如图 8-7 所示。

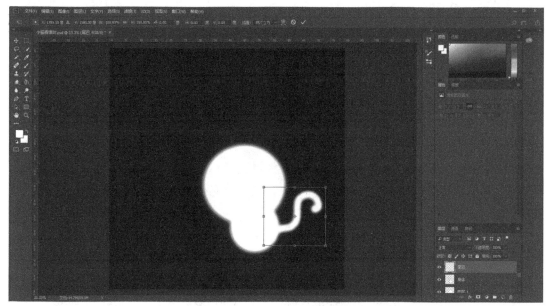

图 8-7　调整小猫尾巴的角度

Step 06 另外新建文件，并使用"椭圆选框工具"绘制小猫的眼睛，如图 8-8 所示。

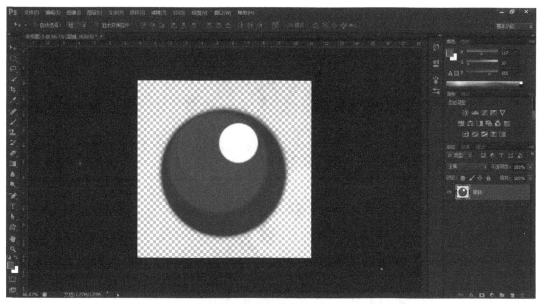

图 8-8　绘制小猫的眼睛

Step 07 执行"编辑">"定义画笔预设"菜单命令，在弹出的"画笔名称"对话框中设置画笔名称，单击"确定"按钮，完成画笔的定义，如图 8-9 所示。

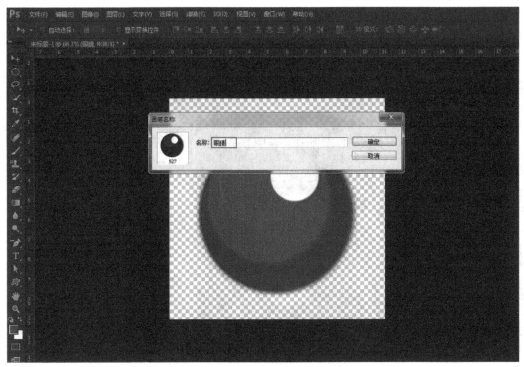

图 8-9　定义画笔

Step 08 新建图层并命名为"眼睛"，使用刚刚新预设的画笔在小猫面部绘制眼睛，如图 8-10 所示。

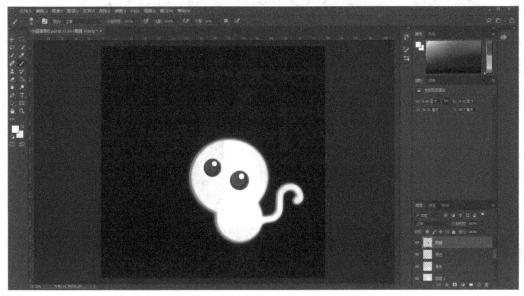

图 8-10　绘制小猫的眼睛

Step 09 再次新建图层并命名为"耳朵"，使用"套索工具"绘制耳朵选区，按 Shift+F5 组合键填充白色；按 Ctrl+T 组合键调出自由变换框，调整选区大小和角度；在耳朵中间位置填充粉红色，并将"耳朵"图层调整到"身体"图层下方。按照相同的方法在新建图层中绘制小猫的鼻子，完成后的效果如图 8-11 所示。

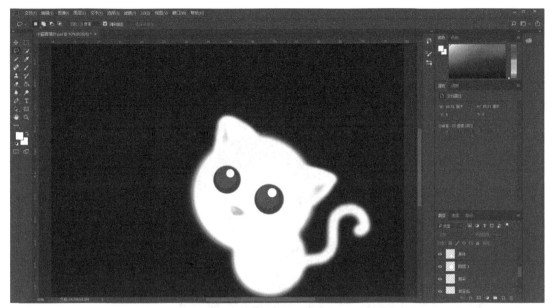

图 8-11　绘制耳朵和鼻子

Step 10 在"背景"图层上方新建一个透明图层，命名为"草丛"，右击工作区，在弹出的快捷菜单中选择"建立工作路径"选项，然后选择"画笔工具"，打开"画笔"面板，选择"画笔笔尖形状"为草样式，并将前景色与背景色设置为草绿色，如图 8-12 所示。

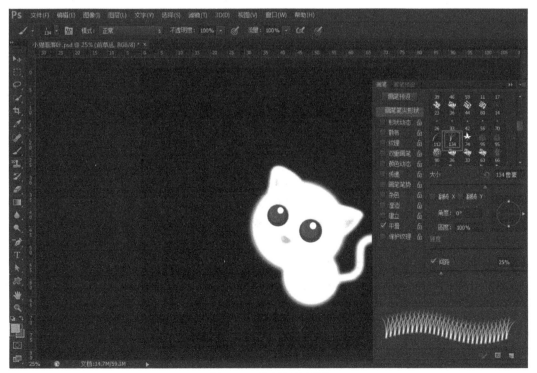

图 8-12　选择画笔类型

Step 11 执行"窗口"＞"画笔"菜单命令，继续在"画笔"面板中对"形状动态""散布""颜色动态"以及"传递"等进行合理的调整，如图 8-13 所示。

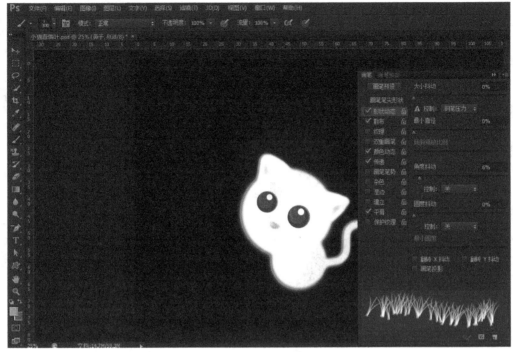

图 8-13　设置画笔参数

- "形状动态"页面用于设置绘制出具有不同大小、不同角度、不同圆度笔触效果的线条。在"形状动态"页面中可以看到"大小抖动""角度抖动""圆度抖动"等参数，此处的"抖动"是指某项参数在一定范围内的随机变化，数值越大，变化范围也越大。
- "散布"页面用于设置描边中笔迹的数目和位置，使画笔笔迹沿着绘制的线条扩散。在"散布"页面中可以对散布的方式、数量和散布的随机性进行调整，数值越大，变化范围也越大。在制作随机性较强的光斑、星光或树叶纷飞的效果时，"散布"是必须设置的。
- "颜色动态"页面用于设置绘制出颜色变化的效果，在设置"颜色动态"之前，需要设置合适的前景色与背景色，然后在"颜色动态"页面进行其他参数选项的设置。
- "传递"页面用于设置笔触的不透明度、流量、湿度、混合等数值，以控制油彩在描边路径中的变化方式。"传递"页面常用于光效的制作，在绘制光效的时候，光斑通常带有一定的透明度，所以需要勾选"传递"复选框进行参数的设置，以增加光斑透明度的变化。

Step 12 画笔设置好之后即可绘制"草丛"，新建两个透明图层，并分别命名为"前草丛"和"后草丛"，在这两个图层上绘制草丛，绘制完成后将"前草丛"图层移至最上方，遮挡一部分小猫身体，如图 8-14 所示。

Step 13 最后为画面增加几片枫叶，参照绘制草地的操作对画笔进行设置，绘制枫叶，丰富画面，并将背景色改为天蓝色，完成案例制作，最终效果如图 8-15 所示。

图 8-14　绘制"草丛"

图 8-15　"小猫看落叶"的完成效果

经验指导

（1）"画笔"面板中选项补充说明

"画笔"面板中还有"杂色""湿边""建立""平滑"和"保护纹理"5个选项，这些选项不能调整参数，如果要启用其中某个选项，将其勾选即可。

- 杂色：为个别画笔笔尖增加额外的随机性，当使用柔边画笔时，该选项最能出效果。
- 湿边：沿画笔描边的边缘增大油彩量，从而创建出水彩效果。
- 建立：模拟传统的喷枪技术，根据鼠标按键的单击程度确定画笔线条的填充数量。
- 平滑：在画笔描边中生成更加平滑的曲线，当使用压感笔进行快速绘画时，该选项最有效。
- 保护纹理：将相同图案和缩放比例应用于具有纹理的所有画笔预设。勾选该选项后，在使用多个纹理画笔绘画时，可以模拟出一致的画布纹理。

（2）定义"画笔预设"

执行"编辑"＞"预设"＞"预设管理器"菜单命令，打开"预设管理器"对话框，设置"预设类型"为"画笔"，单击"载入"按钮，打开"载入"对话框，定位到外挂画笔的位置，选择外挂画笔（格式为 .abr），然后单击"载入"按钮，即可在"预设管理器"对话框中看到载入的画笔，单击"完成"按钮，完成"画笔预设"的定义，如图 8-16 和图 8-17 所示。

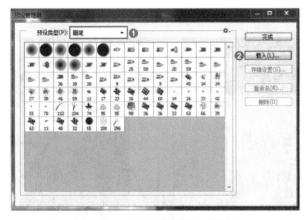

图 8-16　"预设管理器"对话框

图 8-17　"载入"对话框

8.2　图像优化——瑕疵的修复

微课视频

任务目标（一）

（1）正确使用"仿制图章工具"进行杂物去除。

（2）学会应用"图案图章工具"进行图像填充。

任务说明

在调整设计素材时，经常需要去除水印、去除背景部分不相干的杂物等，这些操作都属于修复图像的操作，此时使用"仿制图章工具"就可以将图像的一部分通过涂抹的方式，"复制"到图像中另一个位置处，从而达到修复图像的效果。而"图案图章工具"可以使用"图案"进行绘画，在选项栏中设置合适的笔尖大小，选择一个合适的图案，在画面中按住鼠标左键涂抹，也能实现修复图像的效果。

完成过程

Step01 打开要修复的星空素材，选择"仿制图章工具"，根据要修复图像的大小，在选项栏中调整画笔的大小，如图 8-18 所示。

图 8-18　选择"仿制图章工具"并设置画笔参数

Step02 按下 Alt 键单击鼠标左键选择仿制图章的对象，之后在需要修复的地方进行涂抹，可以看到图像中的内容被仿制图章的对象覆盖，如图 8-19 所示。

图 8-19　使用"仿制图章工具"涂抹要修复的部分

Step 03 完成对图像的修复操作，可以看到画面中的人物被覆盖了，如图 8-20 所示。如果想要让被覆盖对象和覆盖对象进行融合，可以设置"不透明度"进行半透明覆盖。

图 8-20　修复完成

Step 04 复制"背景"图层，选择"图案图章工具"，为星空增加一些斑驳星辰的效果，如图 8-21 所示。

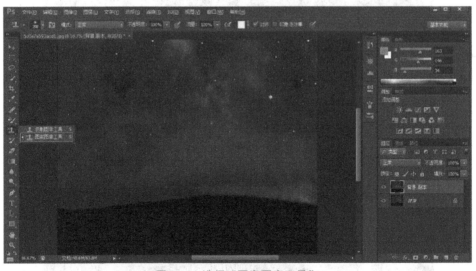

图 8-21　选择"图案图章工具"

Step 05 在"图案图章工具"的选项栏中将"不透明度"调整为 20%，同时在图案样式面板菜单中选择载入"艺术表面"选项，选择一个视觉上比较接近"粉尘"的图案，并调整好画笔大小，如图 8-22 所示。

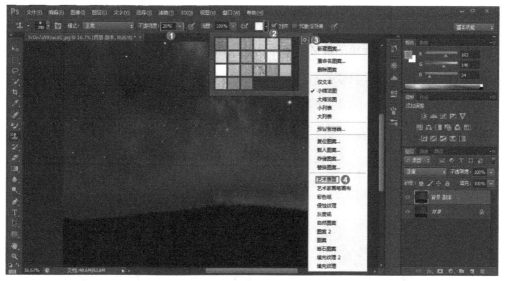

图 8-22　选择载入"艺术表面"选项

Step 06 在想要增加层次并提亮画面的地方单击增加图案，最终效果如图 8-23 所示。

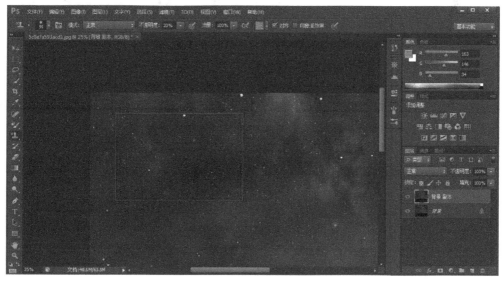

图 8-23　增加图案后的效果

任务目标（二）

正确使用"污点修复画笔工具"以及"修复画笔工具"对图像中的小面积瑕疵进行修饰。

任务说明

需要去除人物面部的斑点、皱纹、凌乱的发丝，或者去除画面中细小的杂物时，可以使用"污点修复画笔工具"以及"修复画笔工具"消除图像中小面积的瑕疵，或者去除画面中看起来比较"特殊的"对象。

完成过程

Step 01 打开要进行修复瑕疵的素材，选择"污点修复画笔工具"，如图 8-24 所示。

图 8-24 选择"污点修复画笔工具"

Step 02 在"污点修复画笔工具"的选项栏中根据图像瑕疵的像素比例调整画笔大小，并选中"近似匹配"单选按钮，如图 8-25 所示。

图 8-25 调整画笔比例

Step 03 在人物脸部需要修复的皱纹位置进行涂抹遮盖，可以看到很明显地消除了皱纹，并与周围的像素进行匹配，使画面和谐统一，如图 8-26 所示。

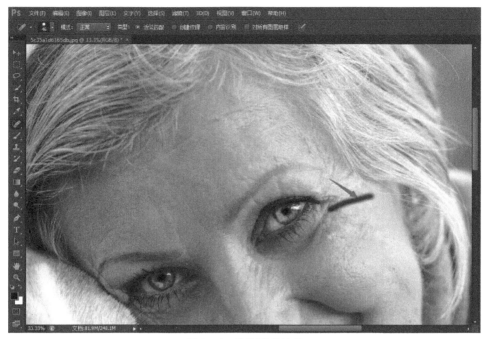

图 8-26　涂抹遮盖皱纹

Step 04 选择"修复画笔工具"，对图像中要清除的内容进行修饰，如图 8-27 所示。

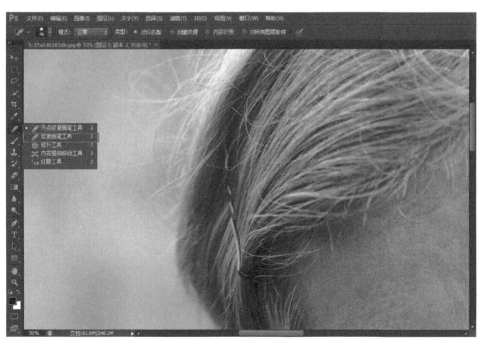

图 8-27　选择"修复画笔工具"

Step 05 在选项栏中调整画笔大小，按住 Alt 键的同时在指定位置单击复制图像取样，如图 8-28 所示。

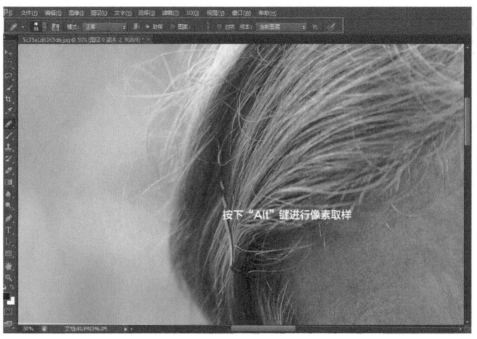

图 8-28　调整画笔大小并取样

Step 06 在图像中要修复的位置按住鼠标左键拖动，即可用复制的图像对图像进行修复，如图 8-29 所示。

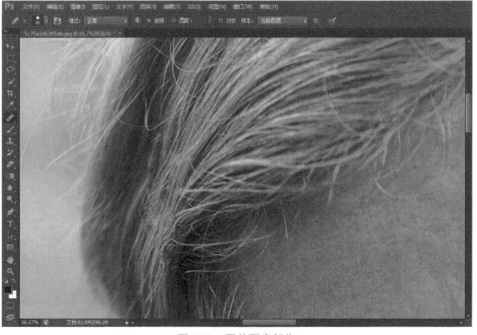

图 8-29　覆盖瑕疵部分

Step 07 图片中人物出现了人像摄影中常见的"红眼"，下面对"红眼"进行修复。选择"红眼工具"，在红眼处单击鼠标左键，即可去除红眼，如图 8-30 所示。

图 8-30　去除红眼

Step 08 查看整体修复后的效果，没有问题后保存即可，如图 8-31 所示。

图 8-31　修复完成的效果

任务目标（三）

（1）掌握使用"修补工具"以画面中的部分内容作为样本，修复图像的方法。

（2）掌握使用"内容感知移动工具"移动选区中的对象，进而修复图像的方法。

任务说明

当设计素材构图不够美观时，可以使用"修补工具"以画面中的部分内容作为样本，修复图像中不理想的部分。而使用"内容感知移动工具"移动选区中的对象，被移动的对象会自动将影像与四周的景物融合，原始区域则会进行智能填充。

完成过程

Step 01 打开要修饰的图片素材，选择"修补工具"，准备对图片中的瑕疵部分进行修饰，如图 8-32 所示。

图 8-32　选择"修补工具"

Step 02 在"修补工具"选项栏中设置"修补"为正常，选中"源"单选按钮（"源"是指用图像文件中指定位置图像来修复选择区域内的图像；"目标"是用选择区域内的图像修复图像文件中的其他区域），然后按住鼠标左键并移动鼠标勾勒出需要修饰的部分形成选区，将选区拖到没有瑕疵图像的位置修复图像，如图 8-33 所示。

图 8-33　勾勒出需要修复的部分形成选区

Step 03 选择"内容感知移动工具"，此工具可以将图片中多余的对象去除，同时会自动计算和修复移除部分，从而实现更加完美的图片合成效果，如图 8-34 所示。

图 8-34　选择"内容感知移动工具"

Step 04 用鼠标勾勒想要移动的图像并形成选区，如图 8-35 所示。

图 8-35　勾勒出需要移动的部分形成选区

Step 05 将选区移到图像中合适的位置即完成图像修复。"内容感知移动工具"可以将选区中的对象移至图像其他区域，并且重新混合组色，以产生新的位置视觉效果，修复后的图像效果如图 8-36 所示。

图 8-36　修复完成的效果

经验指导

在"仿制图章工具"的"仿制源"选择上，要注意"仿制源"应与要修复的地方十分相似，最好相同，选完"仿制源"后，松开 Alt 键，将光标移到要修复的地方，重复单击鼠标，直到修复效果满意为止。需要注意的是，不停地单击鼠标修复时，会出现"＋"符号，这就是仿制源，即单击的地方会逐渐变成"＋"符号的样子，操作时要时刻留意这一点。

8.3　图像升级——图像的修饰

微课视频

任务目标（一）

（1）掌握"模糊工具""锐化工具""涂抹工具"的特性与使用方法。

（2）掌握图像修饰工具的应用技巧。

任务说明

使用"模糊工具"和"锐化工具"可以轻松地对画面局部进行模糊或锐化处理，其使用方法非常简单，只需选择工具栏中对应的工具，然后在需要模糊或锐化的位置按住鼠标左键拖动进行涂抹即可。

完成过程

Step 01 打开需要调整的素材，选择"模糊工具"，根据画面像素质量调整画笔大小，选择"模式"为"正常"，设置"强度"为 100%，如图 8-37 所示。

图 8-37　选择"模糊工具"并设置

Step 02 按下鼠标左键的同时拖动鼠标对画面中较为生硬的婚纱褶皱进行涂抹，软化材质，增加空间感，如图 8-38 所示。

图 8-38　模糊生硬的婚纱褶皱

Step 03 选择"锐化工具"，调整画笔大小为 500 像素，设置"模式"为"正常"，"强度"为 30%，如图 8-39 所示。

图 8-39　选择"锐化工具"并设置

Step04 按住鼠标左键的同时拖动鼠标涂抹人物的面部和手部，增加锐化效果，强化轮廓结构，如图 8-40 所示。

图 8-40　锐化人物的面部和手部

Step05 选择"涂抹工具"，调整画笔大小为 300 像素，设置"模式"为"正常"，"强度"为 50%，继续涂抹画面中需要修饰的地方，如图 8-41 所示。

图 8-41　使用"涂抹工具"修饰图像

Step 06 完成图像的修饰操作，最终效果如图 8-42 所示。

图 8-42　图像修饰完成后的效果

任务目标（二）

（1）掌握"加深工具""减淡工具""海绵工具"的特性与使用方法。

（2）掌握图像修饰工具的应用技巧。

任务说明

"加深工具""减淡工具"和"海绵工具"可以对图像亮部、中间调和阴影分别进行简单处理。在选项栏中设置"范围"选项，即可设置简单处理的范围；设置"曝光度"参数，可以控制加深或减淡的力度；勾选"保护色调"复选框，可以保护图像色彩不受影响。

完成过程

Step 01 打开需要调整的素材，选择"减淡工具"，调整画笔大小为 400 像素，设置"范围"为"高光"，设置"曝光度"为 50%，勾选"保护色调"复选框，以免破坏色相，设置完成后，对画面中过于灰暗、模糊的区域进行减淡调整，如图 8-43 所示。

图 8-43 使用"减淡工具"减淡图像

Step 02 选择"加深工具",调整画笔大小为 400 像素,设置"范围"为"中间调",设置"曝光度"为 50%,勾选"保护色调"复选框,对画面中过度曝光的部分进行调整,如图 8-44 所示。

图 8-44 使用"加深工具"加深图像

Step 03 选择"海绵工具"，调整画笔大小为 176 像素，设置"模式"为"降低饱和度"，设置"流量"为 50%，勾选"自然饱和度"复选框，对画面中的非主体物但影响整体空间层次的部分涂抹进行颜色稀释，如图 8-45 所示。

图 8-45　使用"海绵工具"修饰图像

Step 04 完成图像的修饰操作，最终效果如图 8-46 所示。

图 8-46　修饰完成的效果

经验指导

"模糊工具"和"锐化工具"选项栏可以设置工具的"模式"和"强度","模式"中包含"正常""变暗""变亮""色相""饱和度""颜色"和"明度"选项,如果仅需要对画面局部模糊或者锐化,选择"正常"即可。选项栏中的"强度"选项可以调整模糊或者锐化的强度参数。"涂抹工具"可以模拟手指划过油漆时产生的效果,其选项栏与"模糊工具"和"锐化工具"选项栏相似,使用时设置合适的"模式"和"强度"参数即可。

拓展训练

按照以下要求精修一张"全家福"。

脸部:

(1)对人物脸部的痘、痣、斑等进行修复;

(2)淡化眼袋与皱纹;

(3)对偏黄或发黑的牙齿进行减淡处理;

(4)裁切破损发型,修掉散落的头发。

身体:

(1)修掉身体上可见的疤痕;

(2)衣服上自然的褶皱保留,修掉影响美观的褶皱,修复毛边与破损。

背景:

(1)去除室内背景的破损印迹、脚印和折痕;

(2)去除外景中多余的人物和杂物;

(3)去除与照片主题(情节主题、意境主题)不符的景物。

塑型:

(1)人物腰、背偏胖要减瘦;

(2)手臂、大腿偏粗要减瘦;

(3)脸不对称时对大的一侧收小;

(4)出现大小眼时对小眼适当增大。

外景:

(1)大海、天空偏灰的加蓝,天空加渐变蓝;

(2)园林景加绿。

第9章
综合设计——Photoshop CC 强大设计功能的展现

知识目标	掌握 Photshop CC 在图标的绘制、UI 设计、环艺后期处理及电商美工处理中的应用。
能力目标	掌握使用"添加杂色"与"动感模糊"滤镜制作纹理的方法；掌握使用"图层样式"制作逼真的拟物效果的方法；掌握"图层样式"中混合选项的设置方法；掌握文字排版的技巧。
重点难点	重点：掌握"图层样式"中混合选项的设置方法。 难点：使用滤镜效果与"图层样式"制作逼真的拟物效果。
参考学时	9.1 智能终端——图标的绘制（1课时） 9.2 畅游网络——UI 设计（1课时） 9.3 意境美化——环艺后期处理（1课时） 9.4 视觉营销——电商美工处理（1课时）

9.1 智能终端——图标的绘制

微课视频

任务目标（一）

（1）掌握使用"添加杂色"与"动感模糊"滤镜制作纹理的方法。
（2）通过"图层样式"中混合选项的设置制作逼真的拟物化效果。

任务说明

本案例制作手机中拟物化记事本 APP 图标，在制作过程中进一步熟悉"定义图案"的具体操作和应用，然后使用"添加杂色"和"动感模糊"滤镜制作纹理效果；再结合"图层样式"中混合选项的设置完成记事本图标的制作。

完成过程

Step 01 新建文件，名称为"记事本"，大小为 520 像素 ×520 像素，"颜色模式"为 RGB，"分辨率"为 72 像素 / 英寸。在"背景"图层上方新建图层，在"图层"面板中单击"创建新的填充或调整图层"按钮，在展开的列表中选择"渐变"选项，打开"渐变填充"对话框，设置完成后单击"确定"按钮关闭对话框，得到"渐变填充 1"图层。"渐变填充"对话框的具体设置如图 9-1 所示。

Step 02 为背景添加方格形状的图案，使背景更丰富。首先新建大小为 3 像素 ×3 像素的文件，放大到 3200 倍并填充黑色，然后在画面中创建宽和高均为 2 像素的矩形选区，并填充白色，如图 9-2 所示。

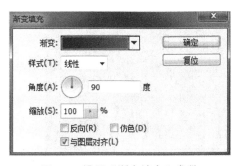

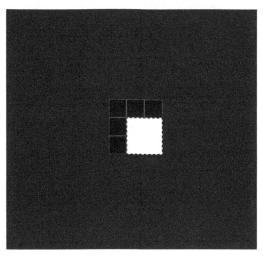

图 9-1　设置"渐变填充"参数　　　　　　　　图 9-2　创建方格选区并填充白色

Step 03 取消选区并执行"编辑">"定义图案"菜单命令，打开"图案名称"对话框，设置图案的"名称"为"方格"，单击"确定"按钮关闭对话框。回到"记事本"文件，双击"渐变填充 1"图层，打开"图层样式"对话框，勾选"图案叠加"复选框，添加定义的方格图案，参数设置如图 9-3 所示。

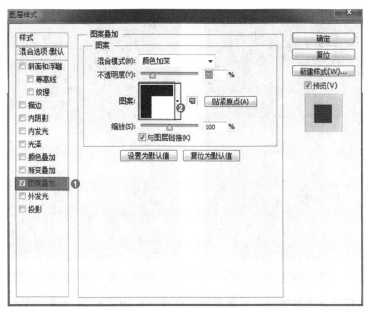

图 9-3　"图层样式"参数设置

Step 04 单击"确定"按钮关闭"图层样式"对话框，添加图层样式后背景效果以及 100％状态显示的细节如图 9-4 所示。

图 9-4　添加"图层样式"后的效果

Step 05 为背景添加光效，使背景更形象生动。在图层上方新建图层并命名为**"light"**，选择"椭圆选框工具"，在画面中绘制一个正圆选框，如图 9-5 所示。

Step 06 选择"渐变工具"，设置渐变颜色为白色到透明，单击"径向渐变"按钮，从圆形选框中心位置向下拖动应用渐变。然后取消选区，将**"light"**图层的混合模式设置为"叠加"，图层"不透明度"调整为 50％，效果如图 9-6 所示。

图 9-5　绘制正圆选框

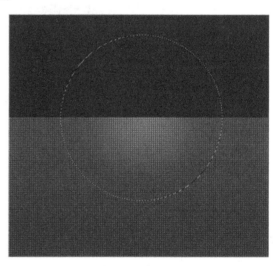

图 9-6　应用渐变并设置混合模式和不透明度的效果

Step 07 绘制图标的底座及边框，在画面中心位置绘制圆角为 35 像素的圆角正方形，然后双击"圆角矩形 1"图层，打开"图层样式"对话框，添加"渐变叠加"图层样式，参数设置如图 9-7 所示。

Step 08 继续添加"内阴影"图层样式，"混合模式"设置为"线性减淡（添加）"，"不透明度"设置为 20％，"距离"设置为 0 像素，"阻塞"设置为 0％，"大小"设置为 10 像素，如图 9-8 所示。

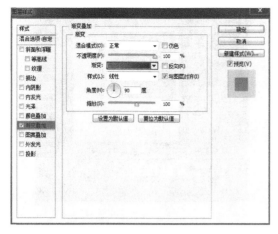

图 9-7　"渐变叠加"参数设置　　　　　　　　图 9-8　"内阴影"参数设置

Step 09 继续添加"内发光"图层样式，"混合模式"设置为"线性减淡（添加）"，"不透明度"设置为 30%，"大小"设置为 2 像素，如图 9-9 所示。设置完成后单击"确定"按钮关闭对话框。

Step 10 接下来制作木材质，在"圆角矩形 1"图层上方新建图层，并命名为"木材质 1"，选择"矩形选框工具"，绘制一个正方形选框，填充黑色后取消选区，如图 9-10 所示。

图 9-9　"内发光"参数设置　　　　　　　　图 9-10　绘制正方形选框并填充黑色

Step 11 执行"滤镜"＞"杂色"＞"添加杂色"菜单命令，打开"添加杂色"对话框，参数设置如图 9-11 所示。

Step 12 继续执行"滤镜"＞"模糊"＞"动感模糊"菜单命令，打开"动感模糊"对话框，参数设置如图 9-12 所示。

Step 13 为了调出木纹颜色，继续执行"图像"＞"调整"＞"色彩平衡"菜单命令，打开"色彩平衡"对话框，参数设置如图 9-13 所示。

Step 14 为了加强对比度，执行"图像"＞"调整"＞"色阶"菜单命令，打开"色阶"对话框，参数设置如图 9-14 所示。

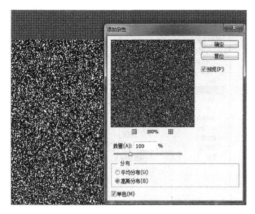

图 9-11 "添加杂色"参数设置

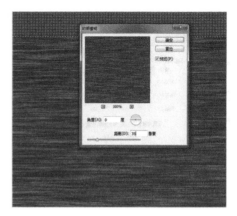

图 9-12 "动感模糊"参数设置

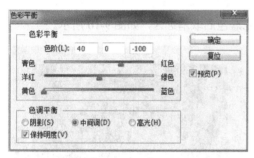

图 9-13 "色彩平衡"参数设置

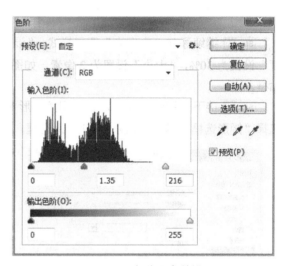

图 9-14 "色阶"参数设置

Step 15 接下来去除圆角矩形以外多余的纹理，按住 Ctrl 键的同时单击"圆角矩形 1"图层缩览图，将圆角矩形载入选区，选择"木材质 1"图层，按 Ctrl+Shift+I 组合键反选选区，再按 Delete 键删除多余纹理，取消选区，效果如图 9-15 所示。

图 9-15 去除圆角矩形以外多余纹理的效果

Step 16 制作凹槽描边，选择"圆角矩形工具"，绘制一个圆角为 33 像素的圆角正方形，得到"圆角矩形 2"图层，双击"圆角矩形 2"图层，打开"图层样式"对话框，设置"混合选项"，将"填充不透明度"调整为 0%；再勾选"描边"复选框，参数设置如图 9-16 所示，设置完成后单击"确定"按钮关闭对话框。

Step 17 制作凹槽真实效果，复制"圆角矩形 2"图层，右击复制得到的图层，在弹出的快捷菜单中选择"清除图层样式"选项，然后双击该图层，打开"图层样式"对话框，将"混合选项"中的"填充不透明度"调整为 0%；再勾选"内阴影"复选框，参数设置如图 9-17 所示。

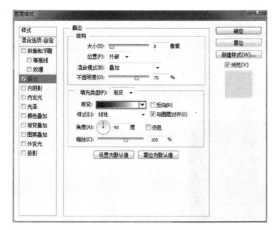

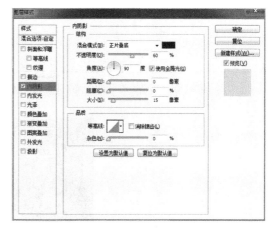

图 9-16　"描边"参数设置　　　　　　　图 9-17　"内阴影"参数设置

Step 18 为了体现凹槽的边缘，勾选"外发光"复选框，并设置"外发光"参数，如图 9-18 所示。

Step 19 为了加深凹槽的阴影部分，勾选"内发光"复选框，并设置"内发光"的参数，如图 9-19 所示。

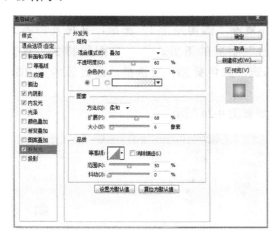

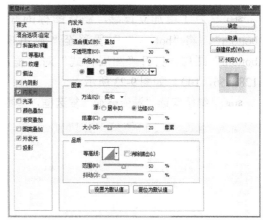

图 9-18　"外发光"参数设置　　　　　　　图 9-19　"内发光"参数设置

Step 20 为了加深凹槽内阴影的层次感，勾选"描边"复选框，并设置"描边"的参数，如图 9-20 所示。

Step 21 添加凹槽的高光，勾选"投影"复选框，并设置"投影"的参数，设置完成后单击"确定"按钮关闭对话框，完成凹槽的制作，如图 9-21 和图 9-22 所示。

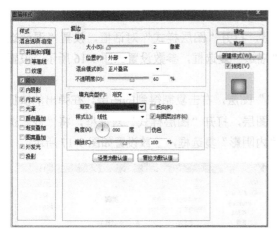

图 9-20 "描边"参数设置

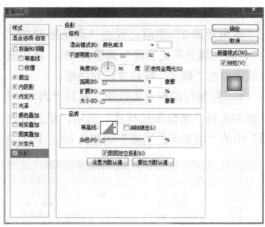

图 9-21 "投影"参数设置

图 9-22 处理边框后的效果

Step 22 为了增加立体感，制作图标的底部。复制"圆角矩形 1"图层，并将其命名为"bottom"，将"bottom"图层移至"圆角矩形 1"图层的下方，并清除图层样式。双击"bottom"图层，打开"图层样式"对话框，勾选"颜色叠加"复选框，设置颜色为 RGB（128，56，14），如图 9-23 所示。

Step 23 继续勾选"渐变叠加"复选框，参数设置如图 9-24 所示。

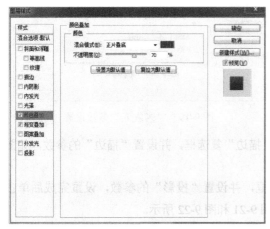

图 9-23 "颜色叠加"参数设置

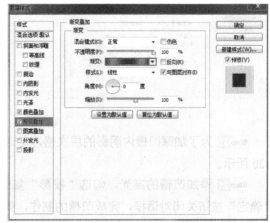

图 9-24 "渐变叠加"参数设置

Step24 勾选"内阴影"复选框，设置"混合模式"为"线性减淡"，将"不透明度"调整为 20%，"角度"设置为 90 度，"距离"设置为 0 像素，"阻塞"设置为 0%，"大小"设置为 10 像素，"杂色"设置为 0%。再勾选"投影"复选框，参数设置如图 9-25 所示，设置完成后单击"确定"按钮关闭对话框。

Step25 复制"木材质 1"图层，将复制得到的图层命名为"木材质 2"，然后将其移至"bottom"图层上方，图像效果如图 9-26 所示。

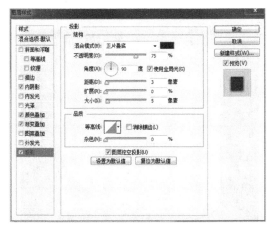

图 9-25　"投影"参数设置

图 9-26　复制图层后的效果

Step26 制作笔记本内页。回到图层最上方，选择"圆角矩形工具"，在凹槽内绘制圆角半径为 33 像素的圆角正方形，填充颜色色值为 RGB（233，233，233），并将新图层命名为"内页 1"，如图 9-27 所示。

Step27 复制"内页 1"图层，得到"内页 1 副本"图层，按 Ctrl+T 组合键调出自由变换框，向上拖动变换框缩减图形的高度。再对该图层添加图层样式，勾选"投影"复选框，"不透明度"设置为 55%，"角度"设置为 90 度，"距离"设置为 2 像素，"扩展"设置为 0%，"大小"设置为 2 像素，设置完成后单击"确定"按钮关闭对话框，图形效果如图 9-28 所示。

图 9-27　添加内页图层后的效果

图 9-28　复制图层并设置后的效果

Step28 按照相同的方法，复制两个"内页 1 副本"图层，并调整这两个图层中内页的高度及图层样式，展示更多内页效果。

Step 29 制作翻页效果。选择"钢笔工具"绘制内页右下角页角的翻页图形，将图层命名为"翻页"，并对图层应用"外发光"图层样式，具体参数如图 9-29 所示。

Step 30 在"翻页"图层下方新建名为"翻页投影"的图层，使用"钢笔工具"抠出翻页投影选区。然后选择"渐变工具"，设置为黑白渐变，单击"线性渐变"按钮，从选区左上角向右下角应用渐变。将"翻页投影"图层的混合模式设置为"正片叠底"，"不透明度"设置为 67%。为了突出效果，可以用"加深工具"和"减淡工具"增加厚度感，调整后的效果如图 9-30 所示。

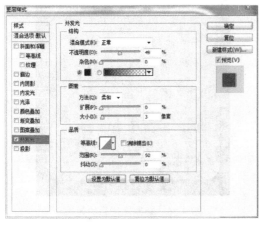

图 9-29　"外发光"参数设置

图 9-30　添加翻页投影后的效果

Step 31 制作封面质感效果。复制"内页 1"图层，将复制得到的图层命名为"质感"，将其移至图层的最上方，清除图层样式，然后执行"滤镜"＞"杂色"＞"添加杂色"菜单命令，打开"添加杂色"对话框，设置"数量"为 100%，选中"高斯分布"单选按钮，单击"确定"按钮关闭对话框。将图层的"不透明度"调整为 5%，完成记事本图标的制作，最终效果如图 9-31 所示。

图 9-31　记事本图标的完成效果

经验指导

APP 图标设计注意事项：

（1）按照使用规格和图片大小规格的尺寸标准设计图标。

（2）使用的图标要简洁美观，第一眼即能读懂图标要表达的内容。

9.2　畅游网络——UI 设计

任务目标

（1）掌握"图层样式"中"混合选项"的设置及应用。

（2）掌握多种"图层样式"结合使用实现复杂特效的方法。

任务说明

本案例完成一款音乐播放器按钮的 UI 设计，使用"椭圆工具"制作按钮的外形轮廓，再通过"图层样式"中混合选项的设置，以及"渐变叠加""内阴影""内发光""投影"图层样式的巧妙配合，逐渐完善按钮的细节，进而完成案例制作。

完成过程

Step01 新建文件，"名称"为"按钮"，大小为 1000 像素 ×500 像素，"颜色模式"为"RGB 颜色"，"分辨率"为 72 像素／英寸，并在"背景"图层上填充颜色，色值为 RGB（50，54，60），如图 9-32 所示。

Step02 选择"椭圆工具"，在画面中心绘制白色正圆形状，得到的图层命名为"圆环"，然后在工具选项栏中选择"减去顶层形状"选项，在白色正圆的中心绘制小一点的正圆，从而得到白色圆环形状，如图 9-33 所示。

图 9-32　新建文件并在"背景"图层填充颜色

图 9-33　白色圆环的效果

Step03 表现柔和的边界线，右击"圆环"图层，在弹出的快捷菜单中选择"栅格化图层"选项，然后对"圆环"图层执行"滤镜"＞"模糊"＞"高斯模糊"菜单命令，在"高斯模糊"对话框中将"半径"设置为 8 像素，单击"确定"按钮关闭对话框，使边界线更加柔和，如图 9-34 所示。

Step04 双击"圆环"图层，打开"图层样式"对话框，将"混合选项"中的"填充不透明度"设置为 0%，然后勾选"斜面和浮雕"复选框，"样式"设置为"内斜面"，"深度"设置为 1000%，"大小"设置为 35 像素，"软化"设置为 10 像素，"角度"设置为 90 度，"高度"设置为 35 度，"不透明度"设置为 30% 和 26%，设置完成后单击"确定"按钮关闭对话框，此时圆环的效果如图 9-35 所示。

图 9-34　边界模糊后圆环的效果

图 9-35　添加图层样式后圆环的效果

Step 05　制作基本按钮，选择"椭圆工具"，在圆环中心绘制正圆形状，生成的图层命名为"基本色"。双击"基本色"图层，打开"图层样式"对话框，将"混合选项"中的"填充不透明度"设置为0%，然后勾选"渐变叠加"复选框，参数设置如图9-36所示，设置完成后单击"确定"按钮关闭对话框，应用图层样式的圆环效果如图9-37所示。

图 9-36　"渐变叠加"参数设置

图 9-37　基本按钮的效果

Step 06　为按钮添加发亮效果，复制"基本色"图层，命名为"发亮"，右击"发亮"图层，在弹出的快捷菜单中选择"清除图层样式"选项。双击"发亮"图层，打开"图层样式"对话框，将"混合模式"中的"不透明度"设置为18%，再将"填充不透明度"设置为0%，设置完成后单击"确定"按钮关闭对话框，按钮效果如图9-38所示。

Step 07　绘制按钮手触面效果，复制"发亮"图层，将复制得到的图层命名为"顶面"，清除图层样式。双击"顶面"形状图层的缩览图，打开"拾色器"对话框，将颜色设置为RGB（31，33，37）。按Ctrl+T组合键调出自由变换框，缩小"顶面"图层的圆形。双击"顶面"图层，打开"图层样式"对话框，勾选"渐变叠加"复选框，设置"不透明度"为35%，"角度"为90度，"缩放"为150%；再勾选"内发光"复选框，设置"不透明度"为1%，"杂色"为100%，"阻塞"为0%，"大小"为250像素，设置完成后单击"确定"按钮关闭对话框，按钮效果如图9-39所示。

Step 08　制作暂停图标，选择"矩形工具"，在图层最上方绘制暂停图标，将得到的形状图层命名为"暂停"，并为暂停图标添加发光效果。双击"暂停"图层，打开"图层样式"对话框，勾选"颜色叠加"复选框，设置颜色色值为RGB（255，180，0）；再勾选"外发光"复选框，设置"混合模式"为"滤色"，"不透明度"为50%，图素"方法"为"柔和"，"大小"为45像素，品质"范围"为50%；最后勾选"投影"复选框，设置颜色色值为RGB（255，108，0），"不透明度"为75%，"大小"为12像素，如图9-40～图9-42所示。

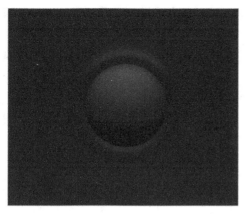

图 9-38　为按钮添加发亮的效果

图 9-39　按钮手触面效果

图 9-40　"颜色叠加"参数设置

图 9-41　"外发光"参数设置

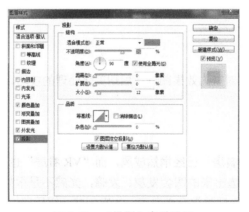

图 9-42　"投影"参数设置

Step 09 设置完成后单击"确定"按钮关闭"图层样式"对话框，完成"播放"按钮的制作，效果如图 9-43 所示。

Step 10 参照前面的操作制作"快进""快退"等按钮，制作完成后全选每个按钮图层，并新建分组，然后更改按钮图层按键，调整按钮的大小和位置，完成播放器的制作，最终效果如图 9-44 所示。

图 9-43　"播放"按钮的最终效果　　　　　　图 9-44　播放器的最终效果

经验指导

界面设计不是单纯的美术绘画，它需要定位使用者、使用环境和使用方式，并且是为客户端用户设计的，是纯粹的科学性的艺术设计。检验界面设计的标准是用户的使用感受，所以界面设计要与用户使用紧密结合，是一个不断为客户端用户设计满意视觉效果的过程。

界面设计要坚持以用户体验为中心的设计原则，界面要直观、简洁，操作要方便、快捷，确保用户使用时界面上对应的功能一目了然。

9.3　意境美化——环艺后期处理

微课视频

任务目标 —

掌握使用 Photoshop CC 对室内效果图进行后期美化处理的技巧。

任务说明 —

随着科技的发展，"VR 看房"已经悄然成风，而"VR 看房"也确实为租房和买房带来了极大的便利，但通常使用 VR 选出来的图会发灰、发暗，光感不是很好，所以在 Photoshop CC 中对室内效果图进行后期美化处理就很有必要了，本案例就介绍后期处理的具体操作。

完成过程 —

Step 01 打开一张室内设计效果图，先分析一下图片，将需要处理的地方——列出来，可以看到画面整体偏暗，墙面有些灰，如图 9-45 所示。

图 9-45　室内设计效果图

Step 02 整体调整，常用的调整方法有：执行"图像"＞"调整"＞"亮度／对比度"菜单命令和"图像"＞"调整"＞"色相／饱和度"菜单命令进行调整，或者使用 Camera Raw 滤镜命令进行调整。本案例使用 Camera Raw 滤镜命令对色温、曝光、对比度、阴影等进行调整，复制一个"背景"图层，得到"背景 副本"图层，对该图层应用 Camera Raw 滤镜，调整后的效果如图 9-46 所示。

图 9-46　整体调整后的效果

Step 03 合并"背景 副本"图层和"背景"图层，然后复制图层，将图层的混合模式改为"滤色"，并通过调整"不透明度"来控制效果图亮度的强弱，效果如图 9-47 所示。

图 9-47　调整亮度后的效果

Step 04 为效果图加入一些窗外的环境光，将"背景 副本"图层和"背景"图层合并，并再复制一次，在复制的图层上选择窗口像素载入选区，并添加图层蒙版，执行"图像">"调整">"曲线"菜单命令，打开"曲线"对话框，选择"蓝"通道，拖动曲线进行调整，如图 9-48 和图 9-49 所示。

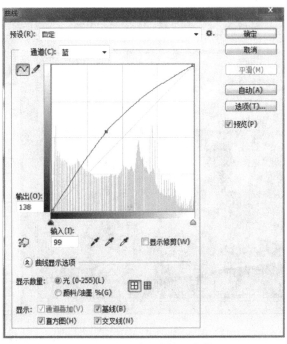

图 9-48　调整"曲线"参数

图 9-49　加入环境光的效果

Step 05　接下来做局部的调整，为图像加入灯光效果，本例效果图中有点光源，因此只需调亮灯光效果即可。新建图层，选择"椭圆选框工具"，设置"羽化"值为 10 像素，在需要加光效的地方拖出一个椭圆选区，如图 9-50 所示。

Step 06　设置"前景色"为白色，按 Alt+Delete 组合键填充椭圆选区为白色。填充完成后，保持选区不取消，按 Ctrl+T 组合键调出自由变换选框，对选区中的图像进行调整，调整的过程中按住 Ctrl 键的同时拖动自由变换选框底部的两个锚点进行调整，再根据实际效果调整图层的"不透明度"，调整后的效果如图 9-51 所示。

图 9-50　绘制椭圆选区

图 9-51　调整椭圆选区中图像的形状

Step 07　再次使用"椭圆选框工具"框选上部分的光效并将其删除，然后将下半部分的光效调整到合适的位置，如图 9-52 和图 9-53 所示。

图 9-52　选中上方多余光效并删除　　　　　　　图 9-53　添加灯光后的效果

Step 08 执行"复制图层"命令为其他灯添加光效，如图 9-54 所示。选择"光源图层"并右击，在弹出的快捷菜单中选择"复制图层"选项，打开"复制图层"对话框，复制光效图层，然后适当调整光效的位置与灯匹配，再调整图层的"不透明度"，使灯光的效果更自然，完成灯光效果的调整。

Step 09 至此室内效果图基本就调整完了，如果还需要细部的微调，可以使用"椭圆选框工具"，设置"羽化"值进行细部的微调。本案例室内效果图最终效果如图 9-55 所示。

图 9-54　执行"复制图层"命令　　　　　　图 9-55　室内效果图调整后的最终效果

经验指导

Camera Raw 滤镜的五大功能：

（1）调色：我们平时看到的照片或多或少都存在偏色和气氛渲染不到位等问题，对此可以使用 Camera Raw 滤镜对照片进行调色。

（2）增加质感：前面介绍过使用"曲线""色阶""亮度 / 对比度""饱和度""色彩平衡"等命令增强图片质感的操作，当然也可以使用 Camera Raw 滤镜的"对比度""清晰度""锐化"来调整，能令人物、产品的质感快速提升。

（3）磨皮：使用 Camera Raw 滤镜的"减少杂色"功能能快速修复人物脸部的瑕疵，让色调更平均。

（4）后期：在实际工作中，Camera Raw 滤镜也提供了简单有效的镜头校正、效果增强、相机校准等功能。

（5）统一标准：这是 Camera Raw 滤镜一个非常强大且方便的功能，可以通过"预设"功能中的"新建预设"多人合作，从而达到画面颜色的基本统一，如图 9-56 所示。

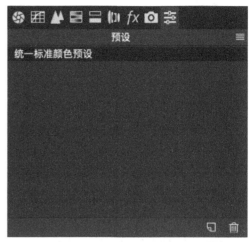

图 9-56　统一标准颜色预设

9.4　视觉营销——电商美工处理

微课视频

任务目标

（1）熟悉 Photoshop CC 中文字排版的方法。
（2）掌握使用形状工具绘制编辑的技巧。

任务说明

本案例制作电商海报，通过该案例进一步掌握在 Photoshop CC 中文字排版的方法，以及使用形状工具绘制编辑的技巧，让文字与图形更好地结合，突出产品的特性，实现宣传引流的目的。

完成过程

Step01 新建文件，设置"宽度"为 1920 像素，"高度"为 600 像素，"分辨率"为 72 像素 /英寸，"颜色模式"为"RGB 颜色"，并设置"名称"为"床品海报"，如图 9-57 所示。

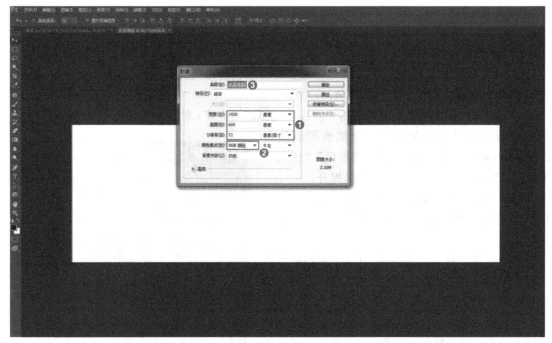

图 9-57　新建文件

Step 02 按 Ctrl+O 组合键，打开"打开"对话框，找到需要的背景素材，单击"打开"按钮，即可打开背景素材，如图 9-58 所示。

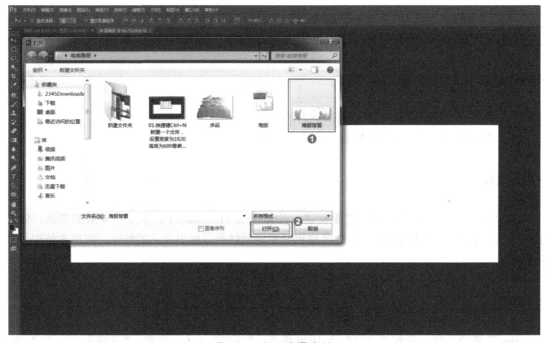

图 9-58　打开背景素材

Step 03 选择"移动工具"，在背景素材文件的工作区中按住鼠标左键拖动，将背景素材拖到"床品海报"文档中，调整素材至合适位置，如图 9-59 所示。

图 9-59　将背景素材移到文档中

Step 04 画背景图形，选择"椭圆工具"，设置"填充"为符合产品色调的天蓝色，无描边，在工作区中单击鼠标左键，打开"创建椭圆"对话框，设置"宽度"和"高度"参数，绘制正圆，如图 9-60 所示。

图 9-60　绘制背景图形

Step 05 选择"移动工具"，按 Ctrl+T 组合键调出自由变换框，按住 Shift+Alt 组合键的同时拖动自由变换框四角任意一点，即可同比例放大或缩小图形，将图形调整至合适大小后按 Enter 键确定，如图 9-61 所示。

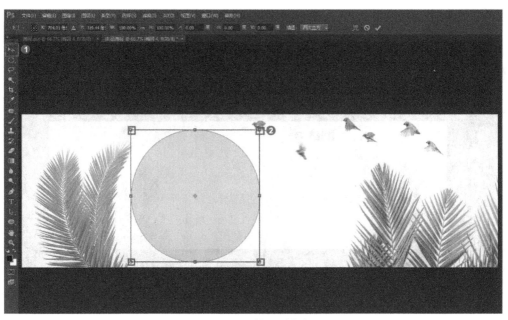

图 9-61　调整图形大小

Step 06 选择"椭圆工具"，以前面绘制的圆形的圆心为圆心绘制一个稍大一些的标准圆，设置为无填充有描边，描边颜色选择深灰色，将描边宽度设置为 6 点，如图 **9-62** 所示。

图 9-62　绘制辅助图形

Step 07 栅格化新绘制的圆形图层，使用"多边形套索工具"将不需要的区域框选出来，按 Delete 键删除选区中的内容，按 Ctrl+D 组合键取消选区，如图 9-63 所示。

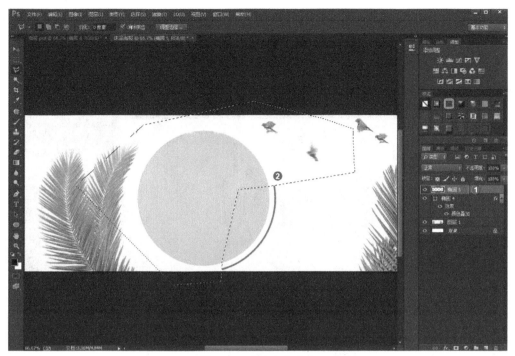

图 9-63　删除多余内容

Step 08 再次使用"椭圆工具"绘制一个标准圆，设置为无填充、灰色描边、6 点大小，描边线条选择"虚线"，调整"间隙"为 2，如图 9-64 所示。

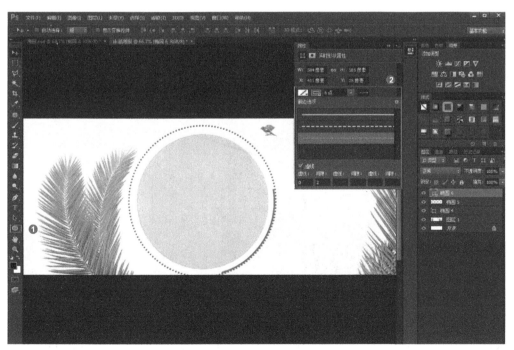

图 9-64　丰富图形

Step 09 栅格化图层，使用"多边形套索工具"将不需要的区域框选出来，按 Delete 键删除，再按 Ctrl+D 组合键取消选区，如图 9-65 所示。

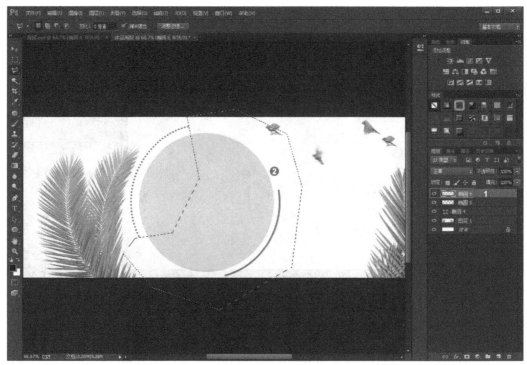

图 9-65　完成背景图形绘制

Step 10 打开素材文件夹，选中"蝴蝶"文件，将其拖至工作区后松开鼠标，增加点缀素材，如图 **9-66** 所示。

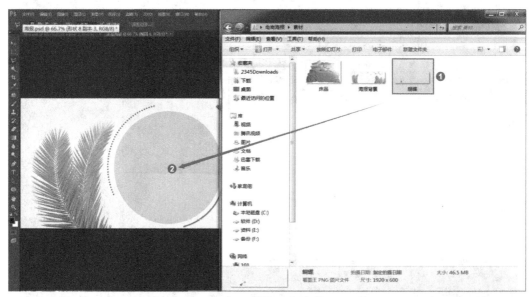

图 9-66　增加点缀素材

Step 11 同时按住 Shift+Alt 组合键，选中四角的任意一点，按住鼠标左键拖动鼠标，同比例调整素材大小，再将蝴蝶移至合适位置，双击确定置入的素材，如图 **9-67** 所示。

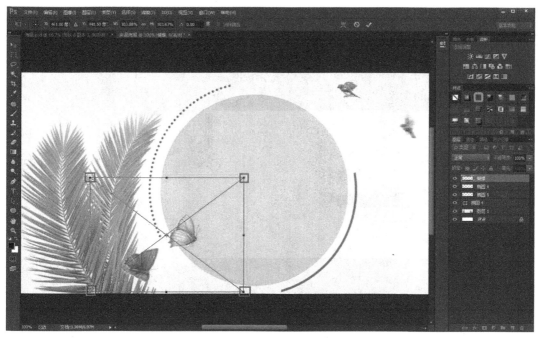

图 9-67　调整蝴蝶素材

Step12 按 Ctrl+R 组合键打开标尺，按住鼠标左键拖曳竖列标尺定位文字边缘位置；选择"横排文字工具"，输入文案并设置文字属性进行文字排版，如图 9-68 所示。

图 9-68　增加主文案

Step13 选择"矩形工具"，绘制矩形并调整属性，设置填充颜色为深蓝色、无描边，如图 9-69 所示。

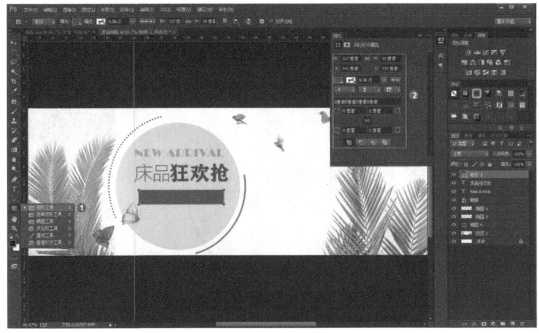

图 9-69　绘制矩形形状

Step14 在"图层"面板中选中刚刚创建的"矩形 1"图层，将其拖至"创建新图层"按钮上，复制该图层，得到"矩形 1 拷贝"图层，如图 9-70 所示。

图 9-70　复制"矩形 1"图层

Step15 双击"矩形 1 拷贝"图层的缩览图，打开"拾色器"对话框，将矩形颜色改为白色，再按 Ctrl+D 组合键调出自由变换框，拖动调整将矩形长度缩短为原来的一半，如图 9-71 所示。

图 9-71　调整矩形形状

Step16 在已设置好的两个矩形形状上方建立文字图层，分别输入商品文案文字，并调整颜色，使得文字清晰可见，如图 9-72 所示。

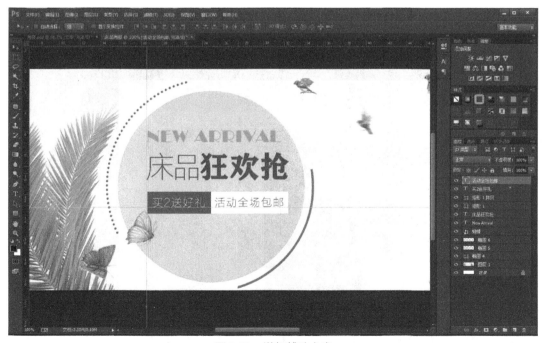

图 9-72　增加辅助文案

Step17 按 Ctrl+Shift+N 组合键新建一个图层；选择"铅笔工具"，单击"前景色"图标，打开"拾色器"对话框，此时光标显示为吸管形状，在画面中的矩形上选取蓝色，单击"确定"按钮关闭"拾色器"对话框，即设置了画笔颜色为蓝色，如图 9-73 所示。

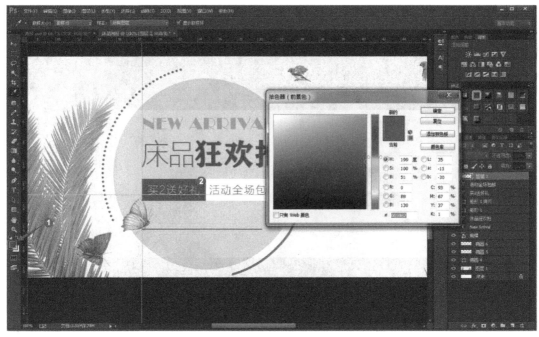

图 9-73　设置画笔颜色

Step 18 右击工作区，在弹出的面板中设置画笔属性，"大小"为 2 像素，"硬度"为 100%，按住 Shift 键的同时在画面中合适位置按住鼠标左键水平拖动即可绘制一条标准直线，如图 9-74 所示。

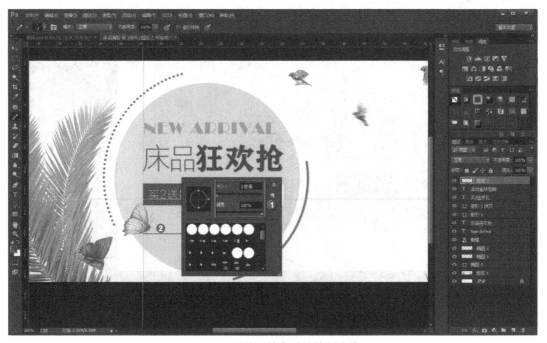

图 9-74　调整画笔参数并绘制直线

Step 19 再次选择"横排文字工具"，输入文案并进行排版调整，设置对齐方式为"水平居中对齐"，如图 9-75 所示。

图 9-75　对齐文案

Step20 打开素材文件夹，将"床品"素材拖至工作区，调整至合适大小与位置后置入素材，如图 9-76 所示。

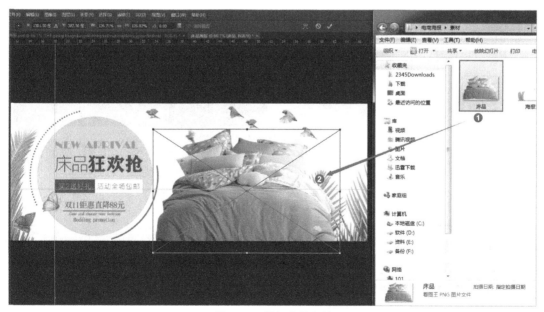

图 9-76　增加床品素材

Step21 完善细节后按 Ctrl+Shift+S 组合键，打开"另存为"对话框，设置"文件名"为"床品海报"，选择"保存类型"为 JPEG，单击"保存"按钮，即可保存文件，如图 9-77 所示。

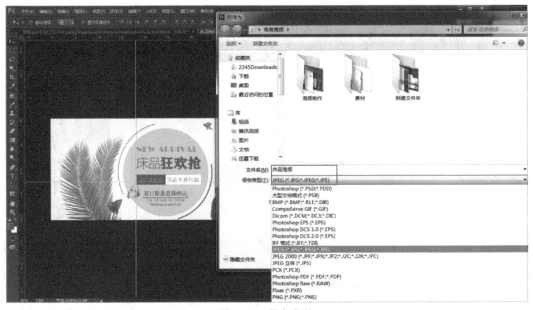

图 9-77　保存文件

Step 22 至此本案例制作完成，最终效果如图 9-78 所示。

图 9-78　床品海报的完成效果

经验指导

电商海报设计注意事项：

（1）设计海报时要将最核心的内容放在最明显或最吸引人的地方，让观者在看到海报的同时就明白海报要宣传的主体内容。

（2）装饰性素材的使用以能够突出主体，不喧宾夺主为原则。

拓展训练

以"我们都是一家人！"为主题，设计抗击"新型冠状病毒"公益海报。

作品要求：

静态海报，竖版 A4 尺寸（210mm×297mm），分辨率为 300 像素 / 英寸，"颜色模式"为 RGB 颜色，保存类型为 jpg 格式的作品，文件大小不超过 5MB。